全国中等职业技术学校数控加工专业一体化精品教材

数控铣床加工中心加工技术

（学生指导用书）

中国劳动社会保障出版社

图书在版编目(CIP)数据

数控铣床加工中心加工技术（学生指导用书）/人力资源和社会保障部教材办公室组织编写. —北京：中国劳动社会保障出版社，2010

全国中等职业技术学校数控加工专业一体化精品教材

ISBN 978-7-5045-8522-6

Ⅰ.①数…　Ⅱ.①人…　Ⅲ.①数控机床：铣床-加工工艺-专业学校-教学参考资料②数控机床加工中心-专业学校-教学参考资料　Ⅳ.①TG547②TG659

中国版本图书馆 CIP 数据核字(2010)第 143367 号

中国劳动社会保障出版社出版发行

（北京市惠新东街 1 号　邮政编码：100029）

出 版 人：张梦欣

*

北京谊兴印刷有限公司印刷装订　新华书店经销

787 毫米×1092 毫米　16 开本　15 印张　354 千字

2010 年 7 月第 1 版　　2022 年 12 月第 9 次印刷

定价：24.00 元

营销中心电话：400-606-6496

出版社网址：http://www.class.com.cn

http://jg.class.com.cn

目　　录

项 目 一

数控机床操作基础

任务 1　认识数控机床

一、工作任务

数控机床在结构上与普通机床有很大的不同，在深入学习数控机床之前，先通过参观来认识数控机床，了解数控机床加工零件的过程，数控加工中心的基本组成，适合数控铣床/加工中心加工的零件以及数控机床的清理保养过程。

二、任务实施

学习环节	学习过程和内容
新课准备	观察普通立式铣床与数控立式铣床，如图 1—1 所示，它们在结构上有何不同？通过查阅资料了解数控铣床的特点。 a)　　b) 图 1—1　普通立式铣床与数控立式铣床 a）普通立式铣床　b）数控立式铣床

理论学习	1. 掌握数控、数控技术、数控机床等基本概念。 ◆ 思考回答： 从工艺用途来看，数控机床包括哪些类型？ 2. 掌握数控机床加工零件的一般过程。 ◆ 思考回答： 在普通机床（例如车床）上加工零件的一般过程是什么？ 3. 掌握数控加工的特点。 ◆ 学习、讨论、总结： 数控加工的特点有哪些？ ◆ 课堂练习： 指出图1—2所示零件的结构特点，并为它们选择合适的机床，完成关键部位的加工。 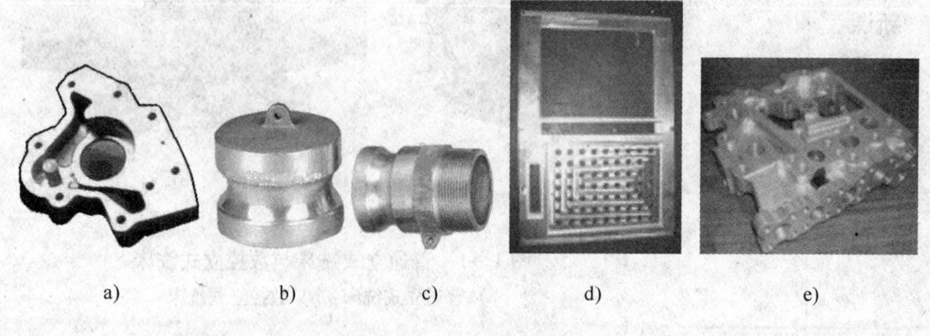 a) b) c) d) e) 图1—2 零件图

<table>
<tr>
<td></td>
<td>
4. 掌握数控机床基本组成。
◆ 思考回答：
数控机床为什么会具有这些加工特点？

5. 了解其他数控机床。
</td>
</tr>
<tr>
<td>实践操作</td>
<td>
1. 安全文明生产知识学习。在参观前先了解以下安全文明生产知识：
（1）正确穿戴工作服、工作鞋、工作帽。穿工作服时应系紧袖口和领口，如图 1—3 所示；进入加工车间时，不能赤脚或穿凉鞋，最好穿坚实的皮靴，穿工作鞋时鞋带一定要系紧；戴好工作帽是为了防止头发被卷入机床转动的部位，女同学必须将头发塞入帽中，以免发生事故。

图 1—3　正确穿工作服
（2）严禁在车间打闹，在车间嬉戏、玩闹可能会给你或同学带来严重的伤害。
（3）如果在车间不慎受伤，应及时处理（送医院等）并尽快向指导教师汇报。
2. 参观。仔细观察机床结构特点、加工零件特点、刀具特点以及工人师傅的加工过程，针对一台机床的加工填写表 1—1。
</td>
</tr>
</table>

表 1—1　　参观过程记录表

机床规格	机床型号	
	数控系统	
	床身结构	
	机床总功率	
	工作台面规格	
	工作行程	
	床身结构	
加工零件特点	结构	
	材料	
	加工内容	
刀库规格	刀库类型	
	刀库中刀具的数量	
	刀具特点	
工人师傅的加工过程	装夹工件、刀具	
	工件加工	
	测量工件	

课后阅读

【数控机床的起源】

1946 年诞生了世界上第一台电子计算机，这表明人类创造了可增强和部分代替脑力劳动的工具。6 年后，即 1952 年，计算机技术应用到机床上，在美国诞生了第一台数控机床。从此，传统机床发生了质的变化。半个多世纪以来，数控系统经历了两个阶段和六代的发展。

早期计算机的运算速度低，对当时的科学计算和数据处理影响还不大，故不能适应机床实时控制的要求。人们不得不采用数字逻辑电路“搭”成一台机床专用计算机作为数控系统，被称为硬件连接数控（HARD - WIRED NC），简称为数控（NC）。随着元器件的发展，这个阶段历经了三代，即 1952 年的第一代——电子管，1959 年的第二代——晶体管，1965 年的第三代——小规模集成电路。

1974 年微处理器（CPU）被应用于数控系统。由于微处理器是通用计算机的核心部件，故此时的数控即可称为计算机数控。到了 1990 年，PC 机（个人计算机，国内习惯称微机）的性能已发展到很高的阶段，可以满足作为数控系统核心部件的要求。数控系统从此进入了基于 PC 的阶段。总之，计算机数控阶段也经历了三代，即 1970 年的第四代——小型计算机，1974 年的第五代——微处理器和 1990 年的第六代——基于 PC。

任务2　认识数控铣床/加工中心的操作面板

一、工作任务

本次任务是掌握数控铣床/加工中心操作面板上各功能按钮的含义和用途，正确进行开、关电源操作，熟悉数控机床安全操作规程。

二、任务实施

学习环节	学习过程和内容
新课准备	思考数控机床加工零件的一般过程。
理论学习	1. 掌握数控机床的操作步骤。 ◆ 思考回答： 回顾普通机床的操作过程，它与数控机床有哪些不同？ 2. 掌握数控机床的开机过程。 ◆ 画出机床开电源流程图。 3. 掌握数控机床操作模式的选择。 ◆ 思考回答： 数控机床的操作模式有哪些？ 4. 掌握数控机床的关机过程。 ◆ 画出机床关电源流程图。

实践操作	1. 安全文明生产知识学习。开动机床前，要先了解以下安全文明生产知识： (1) 工作服等规范穿戴。 (2) 实习时，专注认真。 (3) 操作机床时一人一机，不可两人同时操作机床。 (4) 关闭机床电源后方可打扫机床卫生。 (5) 如有特殊情况应告知老师，在老师允许的情况下才可执行。 2. 熟悉数控机床开机、关机操作，并列出操作步骤，填入表1—2中。

表1—2　数控机床开机、关机操作步骤

机床操作	操作步骤
开机	
关机	

三、任务测评

先自己检测完成任务的情况，再与同学互检，合格后交指导老师评分，老师签字后方可进行下一任务的实训。

项目与权重	序号	技术要求	配分	评分标准	检测记录			得分
					自测	互测	实测	
纪律（20%）	1	准时到达实习场地	5	迟到全扣				
	2	工具齐全	5	不合格全扣				
	3	操作过程专注认真	10	不认真全扣				
机床操作（20%）	4	机床开机、关机	5	不正确全扣				
	5	主轴转速设定	5	不正确全扣				
	6	灵活控制机床运动	5	不合格全扣				
	7	机床操作规范	5	不规范全扣				
安全文明生产（60%）	8	意外情况处理合理	10	不合理全扣				
	9	机床维护与保养	20	不合格全扣				
	10	工作场所整理	30	不合格全扣				

课后阅读

【铣床（加工中心）数控系统介绍】

1. FANUC 数控系统

FANUC 数控系统由日本富士通公司研制开发，当前，该数控系统在我国得到了广泛应用。目前，在中国市场上，应用于铣床（加工中心）的数控系统主要有 FANUC 21i－MA/

MB/MC、FANUC 18i－MA/MB/MC、FANUC 0i－MA/MB/MC、FANUC 0－MD 等。

2．SIEMENS（西门子）数控系统

SIEMENS 数控系统由德国西门子公司开发研制，该系统在我国数控机床中的应用也相当普遍。目前，在我国市场上，常用的 SIEMENS 系统有 SIEMENS 840D/C、SIEMENS 810T/M、802D/C/S 等型号。以上型号除 802S 系统采用步进电动机驱动外，其他型号数控系统均采用伺服电动机驱动。

3．国产系统

自 20 世纪 80 年代初期开始，我国数控系统生产与研制得到了飞速的发展，并逐步形成了航天数控集团、机电集团、华中数控、蓝天数控等以生产普及型数控系统为主的国有企业，以及北京发那科机电有限公司、西门子数控（南京）有限公司等合资企业。目前，常用于铣床的国产数控系统有北京凯恩帝数控系统，如 KND100M 等；华中数控系统，如 HNC－21M 等；北京航天数控系统，如 CASNUC 2100 等。

4．其他系统

除了以上三类主流数控系统外，国内使用较多的数控系统还有日本三菱数控系统、法国施耐德数控系统、西班牙法格数控系统和美国 A－B 数控系统等。

【各生产厂家的系统面板】

由于数控机床的生产厂家众多，因此，同一系统数控机床的操作面板各不相同。但由于同一系统的系统功能相同，因此操作方法基本相同。图 1—4 所示是大河生产的 FANUC 0 系统立式加工中心面板。图 1—5 所示是友嘉生产的 FANUC 0 系统立式加工中心面板。

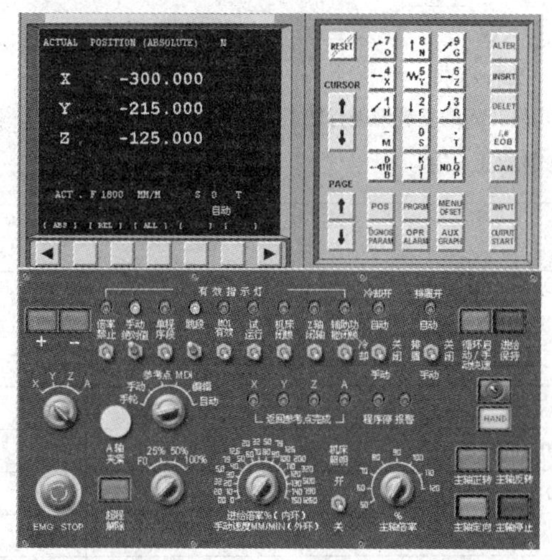

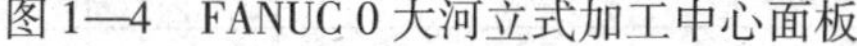
图 1—4 FANUC 0 大河立式加工中心面板

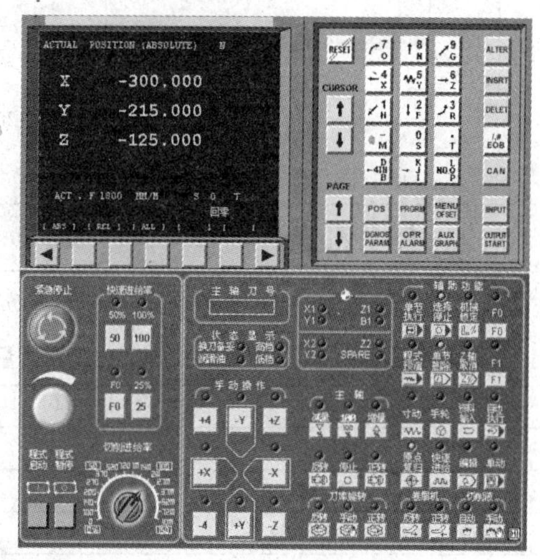

图 1—5 FANUC 0 友嘉立式加工中心面板

【润滑油】

润滑油为消耗品，因此机床工作一段时间后，润滑泵油箱内润滑油会逐渐减少。如果操作人员没有及时添加，当油箱内润滑油到达最低油位时，油面检测开关随即动作，并将此信号传送给 PMC 系统进行处理，使机床无法正常工作。目前市场上使用比较多的润滑油为 S32、S46。

任务3 数控铣床/加工中心的手动操作

一、工作任务

本次任务是采用手动切削方式完成如图1—6所示工件的加工，工件毛坯选用100 mm×80 mm×33 mm的铝块。为完成该任务，要学习机床坐标系、工件坐标系等理论知识。

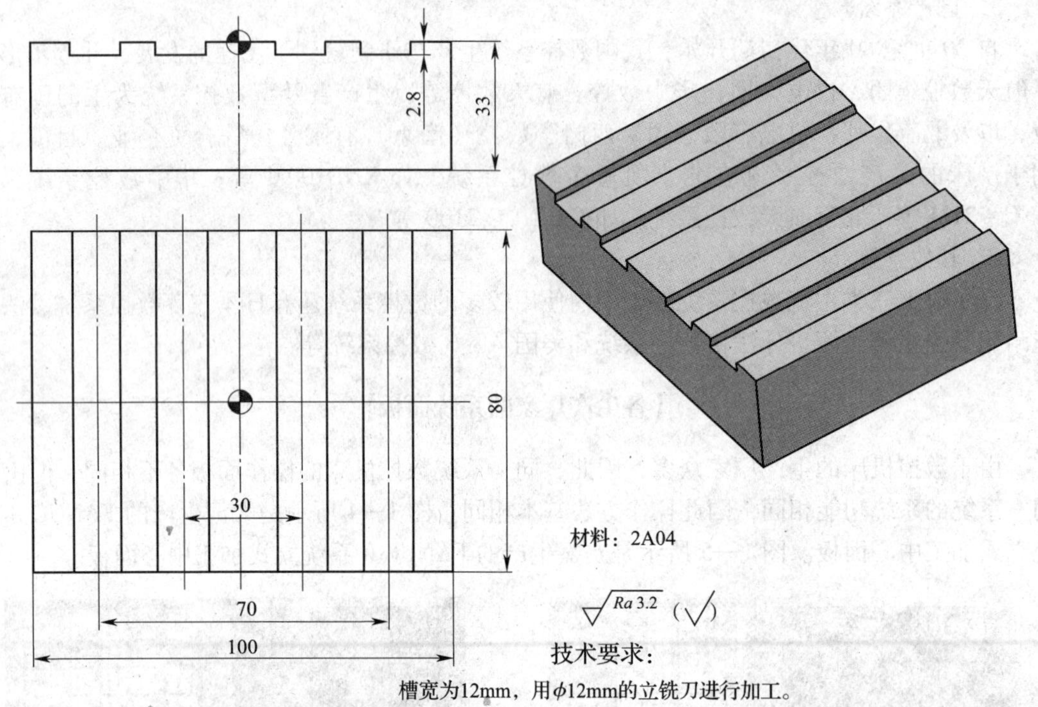

图1—6 手动操作加工实例

二、任务准备

工具、量具、刀具清单见表1—3。

表1—3　　工具、量具、刀具清单

序号	名称	规格	数量	备注
1	游标卡尺	0~150 mm，0.02 mm	1	
2	百分表	0~10 mm，0.01 mm	1	
3	磁性表座		1	
4	立铣刀	ϕ12 mm	1	
5	弹簧夹头刀柄		1	
6	弹簧夹头		1	
7	平口钳	200 mm	1	
8	辅具	锉刀、垫铁、活扳手、压板、螺钉等	1套	
9	其他	铜棒、铜皮、毛刷、抹布、洗涤剂等常用工具		选用
		计算机、计算器、编程用书等		

三、任务实施

<table>
<tr><th>学习环节</th><th>学习过程和内容</th></tr>
<tr><td>新课准备</td><td>思考数控铣床/加工中心的手动操作模式有哪些。</td></tr>
<tr><td>理论学习</td><td>1. 掌握机床坐标系。
◆ 思考回答：
如果分别按下机床上的“+X，+Y，+Z”按钮，机床会如何运动？请在图1—7所示立式数控铣床示意图中画出机床工作台及主轴的运动方向。 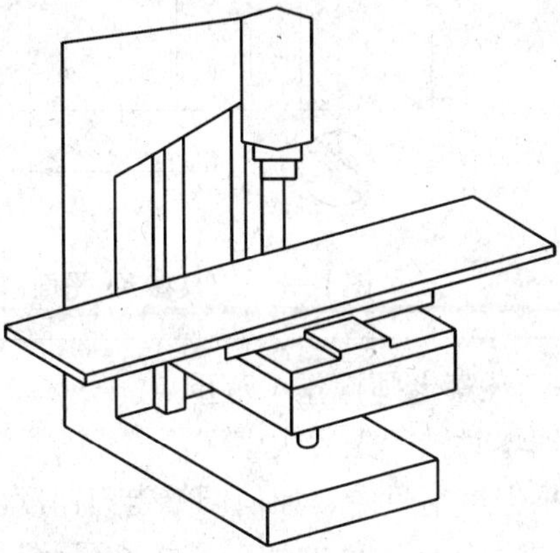

图1—7　立式数控铣床示意图

2. 掌握工件坐标系。
◆ 讨论总结：
机床坐标系与工件坐标系有什么关系？

3. 掌握对刀方法。
◆ 讨论总结：
对刀的目的是什么？

4. 掌握坐标点计算方法。</td></tr>
</table>

◆ 在图 1—8 中标出 $A\sim H$ 点的 XY 平面坐标。

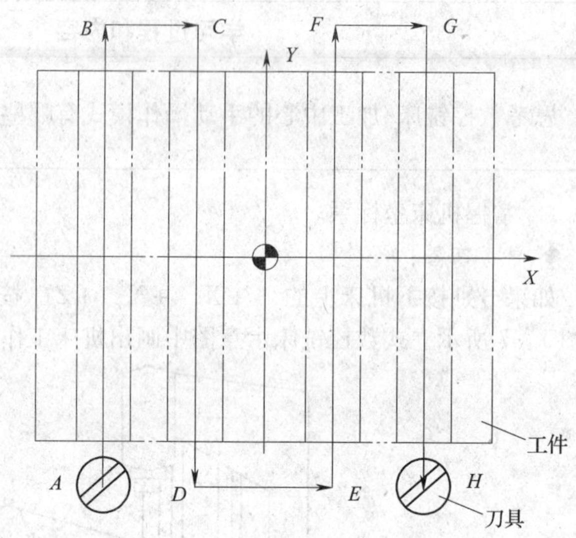

图 1—8　刀具在 XY 平面内的运动轨迹图

实践操作

1. 仔细观察老师操作示范重点。

（1）回零时轴的先后次序。

（2）根据进给目的，如何调整走刀速度。

2. 完成本任务工件的加工，并填写表 1—4。

表 1—4　　实践过程记录表

加工内容			工件材料		
设备名称		夹具名称		加工起止时间	—
加工步骤	操作过程				
坐标点分析	计算加工工件各基点的绝对（工件）坐标				
开机					
回零					
返回					
刀具装夹	刀具规格：＿＿＿＿＿ 刀具装夹注意事项：				
工件装夹	毛坯尺寸：＿＿＿＿＿ 工件装夹注意事项：				

续表

主轴正转	
对刀及参数设置	简单画出对刀点位置： G54 X ________ Y ________ Z ________
MDI 方式运行 G54	
手动加工	
主轴停止	
测量工具名称及规格	
分析加工结果	
关机	工作台与主轴停留位置： 关机步骤：

提示

（1）工作服等规范穿戴。

（2）操作机床时须专注认真。

（3）操作机床时一人独立操作，不可两人同时操作。

（4）机床在运行中人不可离开。

（5）不要用嘴吹切屑，不要让抹布等缠绕物靠近运行的机床。

（6）关闭机床电源后方可打扫机床卫生。

（7）不要让机床接近极限位置，以免超行程。

（8）如有特殊情况应告知老师，在老师允许的情况下才可执行。

思考

（1）机床开机回零后，按下主轴正转“CW”按钮，主轴能正转吗？若不能正转，需如何操作？

	（2）某位同学加工时，机床突然断电了，需要重新开启机床，请问这位同学需要重新回零和对刀吗？

四、任务测评

先自己检测完成任务的情况，再与同学互检，合格后交指导老师评分，老师签字后方可进行下一任务的实训。

项目与权重	序号	技术要求	配分	评分标准	检测记录			得分
					自测	互测	实测	
纪律（20%）	1	准时到达实习场地	5	迟到全扣				
	2	工具齐全	5	不合格全扣				
	3	操作过程专注认真	10	不认真全扣				
加工操作（40%）	4	坐标系设定正确	5	不正确全扣				
	5	Z 向尺寸正确	5	每错一处扣 2 分				
	6	每条槽相对位置正确	15	每错一处扣 3 分				
	7	表面粗糙度符合要求	10	降一级扣 5 分				
	8	去毛刺	5	不合格全扣				
机床操作（20%）	9	回零操作	5	不正确全扣				
	10	主轴转速设定	5	不正确全扣				
	11	灵活控制机床运动	5	不合格全扣				
	12	机床操作规范	5	不规范全扣				
安全文明生产（20%）	13	意外情况处理合理	5	不合理全扣				
	14	机床维护与保养	5	不合格全扣				
	15	工作场所整理	10	不合格全扣				

五、拓展练习

1. 要在一块方料的 8 个位置（如图 1—9 所示，$A\sim H$ 点）分别做上记号。目前可以使用的设备、刀具及工具有一台立式加工中心，一把 $\phi12$ mm 的键槽铣刀，一部台虎钳及配套工具，但是没有量具。请设计一个可行的方案来完成这个任务。

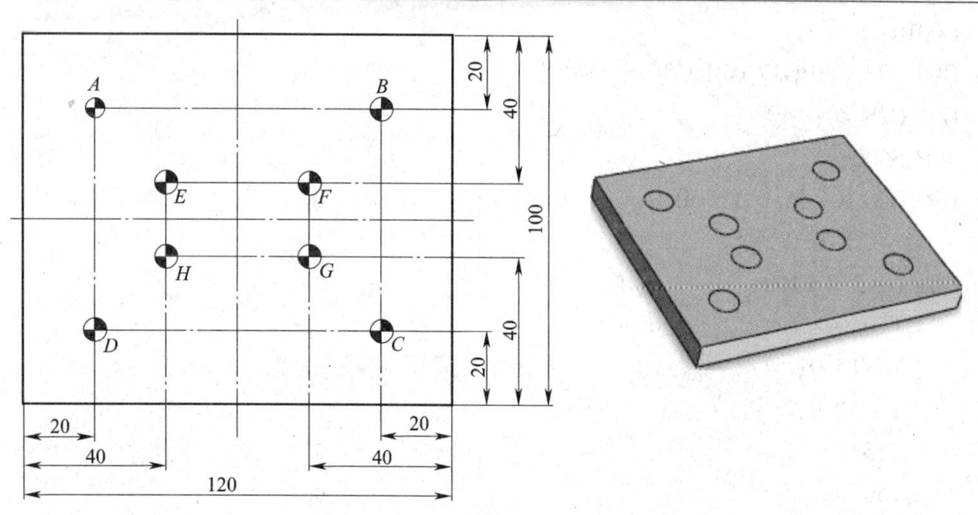

图 1—9　手动操作技能拓展 1

2. 采用手摇（HANDLE）或手动（JOG）切削方式加工如图 1—10 所示工件，工件毛坯选用 106 mm × 80 mm × 20 mm 的铝块，用 ϕ12 mm 的立铣刀进行加工。

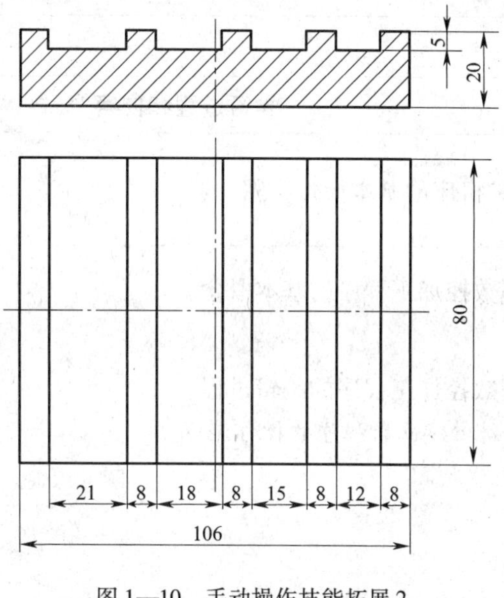

图 1—10　手动操作技能拓展 2

任务 4　数控铣床/加工中心程序的输入与编辑

一、工作任务

本次任务是将下列数控铣床/加工中心程序采用手工输入方式输入数控装置，并通过程序校验来验证所输入程序的正确性。为完成该任务，要掌握数控编程基础知识、数控加工程序的格式、数控系统常用功能等理论知识。

```
O0010;
G90 G94 G40 G17 G21 G54;
G91 G28 Z0;
M03 S600;
G90 G00 X-35.0 Y-50.0;
        Z20.0 M08;
G01 Z-2.8 F100;
    Y50.0;
    X-15.0;
    Y-50.0;
    X15.0;
    Y50.0;
    X35.0;
    Y-50.0;
G00 Z50.0 M09;
M30;
```

二、任务实施

学习环节	学习过程和内容
新课准备	思考数控机床的基本操作步骤。
理论学习	1. 掌握数控加工程序的基本概念。 2. 掌握数控加工程序的编辑过程。 ◆（1）列出建立新程序的操作流程。 ◆（2）列出调用程序的操作流程。 3. 掌握加工程序的校验过程。 ◆ 列出校验加工程序的操作流程。

实践操作

完成本任务程序的输入，并填写表 1—5。

表 1—5　　实践过程记录表

<table>
<tr><td>加工内容</td><td colspan="2"></td><td>工件材料</td><td colspan="2"></td></tr>
<tr><td>设备名称</td><td></td><td>夹具名称</td><td></td><td>加工起止时间</td><td>—</td></tr>
<tr><td>加工步骤</td><td colspan="5">操作过程</td></tr>
<tr><td>开机</td><td colspan="5"></td></tr>
<tr><td>回零</td><td colspan="5"></td></tr>
<tr><td>返回</td><td colspan="5"></td></tr>
<tr><td>对刀及参数设置</td><td colspan="5">简单画出对刀点位置：
G54 X ________
Y ________
Z ________</td></tr>
<tr><td>输入程序</td><td colspan="5"></td></tr>
<tr><td>模拟检验</td><td colspan="5"></td></tr>
<tr><td>检验结果分析</td><td colspan="5"></td></tr>
<tr><td>关机</td><td colspan="5">工作台与主轴停留位置：

关机步骤：</td></tr>
</table>

提示

在机床开启后方可开始操作；如果误入老师没讲到的界面，请在老师的帮助下退出该界面，不要随便按键，避免系统中某些数据丢失。

思考

（1）在检查程序时，如何判别程序名地址 O 与数字 0 有无输错？

（2）在 AUTO 方式下可以进行程序编辑吗？

（3）如何在数控机床上进行程序的新建、调出及删除？

（4）在程序输入时按错键引起系统报警应如何消除？

三、任务测评

先自己检测完成任务的情况，再与同学互检，合格后交指导老师评分，老师签字后方可进行下一任务的实训。

项目与权重	序号	技术要求	配分	评分标准	检测记录			得分
					自测	互测	实测	
纪律（20%）	1	准时到达实习场地	5	请假扣 3 分、迟到全扣				
	2	工具齐全	5	不合格全扣				
	3	操作过程专注认真	10	不认真全扣				
程序操作（50%）	4	程序输入一次正确	15	每错一处扣 5 分				
	5	程序输入灵活熟练	15	根据熟练程度酌情扣分				
	6	能利用机床锁住校验程序	10	不熟练全扣				
	7	能利用图形显示功能校验程序	10	不熟练全扣				
安全文明生产（30%）	8	操作规范	10	不规范全扣				
	9	意外情况处理合理	5	不合理全扣				
	10	机床维护与保养	5	不合格全扣				
	11	工作场所整理	10	不合格全扣				

四、拓展练习

完成如下程序 O11 的输入，并在数控机床上采用图形检验功能模拟该程序的轨迹图（见图 1—11）。

```
O11；
N10 G90 G54 G94 G21 G40；
N20 S500 M03；
N30 G00 Z100.0；
N40 X-40.0 Y-40.0；
N50 Z5.0；
N60 G01 Z-5.0 F50；
N70 X-26.0 F100；
N80 Y5.0；
N90 G02 X-5.0 Y26.0 R21.0；
N100 G01 X10.0；
N110 G02 X26.0 Y10.0 R16.0；
N120 G01 Y-11.0；
N130 X20.0；
N140 G03 X11.0 Y-20.0 R9.0；
N150 G01 Y-26.0；
```

```
N160 X-40.0;
N170 Y-40.0;
N180 Z5.0;
N190 G00 Z100.0;
N200 X0.0 Y0.0;
N210 M05;
N220 M30;
```

图 1—11　XY 平面程序轨迹图

课后阅读

【数控程序代码标准】

为了满足设计、制造、维修和普及的需要，在输入代码、坐标系统、加工指令、辅助功能及程序格式等方面，国际上已经形成了两种通用的标准，即国际标准化组织（ISO）标准和美国电子工业协会（EIA）标准。我国相关部门根据 ISO 标准制定了 JB 3050—82《数字控制机床用七单位编码字符》、JB/T 3051—1999《数控机床　坐标和运动方向的命名》、JB/T 3208—1999《数控机床　穿孔带程序段格式中的准备功能 G 和辅助功能 M 的代码》。但是由于各个数控机床生产厂家所用的标准尚未完全统一，其所用的代码、指令及其含义不完全相同，因此，在编制程序时务必按照所用数控机床编程手册中的规定进行。表 1—6 是 FANUC 0i 系统准备功能一览表。

表 1—6　　**FANUC 0i 系统准备功能一览表**

G 代码	组别	功能	程序格式及说明
G00▲	01	快速点定位	G00 X__ Y__ Z__;
G01		直线插补	G01 X__ Y__ Z__ F__;
G02		顺时针圆弧插补	G02 X__ Y__ R__ F__;
G03		逆时针圆弧插补	G02 X__ Y__ I__ J__ F__;
G04	00	暂停	G04 X1.5；或 G04 P1500;
G05.1		预读处理控制	G05.1 Q1；（接通）　G05.1 Q0；（取消）
G07.1		圆柱插补	G07.1 IPr；（有效）G07.1 IP0；（取消）
G08		预读处理控制	G08 P1；（接通）　G08 P0；（取消）
G09		准确停止	G09 X__ Y__ Z__;
G10		可编程数据输入	G10 L50；（参数输入方式）
G11		可编程数据输入取消	G11;
G15▲	17	极坐标取消	G15;
G16		极坐标指令	G16;

续表

G代码	组别	功能	程序格式及说明
G17▲	02	选择 *XY* 平面	G17；
G18		选择 *ZX* 平面	G18；
G19		选择 *YZ* 平面	G19；
G20	06	英寸输入	G20；
G21		毫米输入	G21；
G22▲	04	存储行程检测接通	G22 X __ Y __ Z __ I __ J __ K __；
G23	04	存储行程检测断开	G23；
G27	00	返回参考点检测	G27 X __ Y __ Z __；
G28		返回参考点	G28 X __ Y __ Z __；
G29		从参考点返回	G29 X __ Y __ Z __；
G30		返回第 2、3、4 参考点	G30 P2/P3/P4 X __ Y __ Z __；
G31		跳转功能	G31 X __ Y __ Z __；
G33	01	螺纹切削	G33 X __ Y __ Z __ F __；
G37	00	自动刀具长度测量	G37 X __ Y __ Z __；
G39		拐角偏置圆弧插补	G39；或 G39 I __ J __；
G40▲	07	刀具半径补偿取消	G40；
G41		刀具半径左补偿	G41 G01/G00 X __ Y __ Z __ D __；
G42		刀具半径右补偿	G42 G01/G00 X __ Y __ Z __ D __；
G40.1▲	18	法线方向控制取消	G40.1；
G41.1		左侧法线方向控制	G41.1；
G42.1		右侧法线方向控制	G42.1；
G43	08	正向刀具长度补偿	G43 G01 Z __ H __；
G44		负向刀具长度补偿	G44 G01 Z __ H __；
G45	00	刀具位置偏置加	G45 G01/G00 X __ Y __ Z __ D __；
G46		刀具位置偏置减	G46 G01/G00 X __ Y __ Z __ D __；
G47		刀具位置偏置加 2 倍	G47 G01/G00 X __ Y __ Z __ D __；
G48		刀具位置偏置减 2 倍	G48 G01/G00 X __ Y __ Z __ D __；
G49▲	08	刀具长度补偿取消	G49；
G50▲	11	比例缩放取消	G50；
G51		比例缩放有效	G51 X __ Y __ Z __ P __； 或 G51 X __ Y __ Z __ I __ J __ K __；
G50.1	22	可编程镜像取消	G50.1 X __ Y __ Z __；
G51.1▲		可编程镜像有效	G51.1 X __ Y __ Z __；
G52	14	局部坐标系设定	G52 X __ Y __ Z __；（IP 以绝对值指定）
G53		选择机床坐标系	G53；
G54▲		选择工件坐标系 1	G54；

续表

G代码	组别	功能	程序格式及说明
G54.1	14	选择附加工件坐标系	G54.1Pn；（n：取1~48）
G55		选择工件坐标系2	G55；
G56		选择工件坐标系3	G56；
G57		选择工件坐标系4	G57；
G58		选择工件坐标系5	G58；
G59		选择工件坐标系6	G59；
G60	00/00	单方向定位方式	G60 X __ Y __ Z __；
G61	15	准确停止方式	G61；
G62		自动拐角倍率	G62；
G63		攻螺纹方式	G63；
G64▲		切削方式	G64；
G65	00	宏程序非模态调用	G65P __ L __ <自变量指定>；
G66	12	宏程序模态调用	G66P __ L __ <自变量指定>；
G67▲		宏程序模态调用取消	G67；
G68	16	坐标系旋转	G68 X __ Y __ Z __ R __；
G69▲		坐标系旋转取消	G69；
G73	09	深孔钻循环	G73 X __ Y __ Z __ R __ Q __ F __；
G74		左螺纹攻螺纹循环	G74 X __ Y __ Z __ R __ P __ F __；
G76		精镗孔循环	G76 X __ Y __ Z __ R __ Q __ P __ F __；
G80▲		固定循环取消	G80；
G81		钻孔、锪孔、镗孔循环	G81 X __ Y __ Z __ R __；
G82		钻孔循环	G82 X __ Y __ Z __ R __ P __；
G83		深孔循环	G83 X __ Y __ Z __ R __ Q __ F __；
G84		攻螺纹循环	G84 X __ Y __ Z __ R __ P __ F __；
G85		镗孔循环	G85 X __ Y __ Z __ R __ F __；
G86		镗孔循环	G86 X __ Y __ Z __ R __ P __ F __；
G87		背镗孔循环	G87 X __ Y __ Z __ R __ Q __ F __；
G88		镗孔循环	G88 X __ Y __ Z __ R __ P __ F __；
G89		镗孔循环	G89 X __ Y __ Z __ R __ P __ F __；
G90▲	03	绝对值编程	G90 G01 X __ Y __ Z __ F __；
G91		增量值编程	G91 G01 X __ Y __ Z __ F __；
G92	00	设定工件坐标系	G92 X __ Y __ Z __；
G92.1		工件坐标系预置	G92.1 X0 Y0 Z0；

续表

G代码	组别	功能	程序格式及说明
G94▲	05	每分钟进给	mm/min
G95		每转进给	mm/r
G96	13	恒线速度	G96 S200；(200 m/min)
G97▲		每分钟转数	G97 S800；(800 r/min)
G98▲	10	固定循环返回初始点	G98 G8 __ X __ Y __ Z __ R __ F __;
G99		固定循环返回R点	G99 G8 __ X __ Y __ Z __ R __ F __;

注：

1. 当电源接通或复位时，数控系统进入清零状态，此时的开机默认代码在表中以符号“▲”表示，但此时原来的G21或G20保持有效。
2. 除了G10和G11以外的00组G代码都是非模态G代码。
3. 不同组的G代码在同一程序段中可以指令多个。如果在同一程序段中指令了多个同组的G代码，仅执行最后指定的G代码。
4. 如果在固定循环中指令了01组的G代码，则固定循环取消，该功能与指令G80相同。

【程序输入方法】

一般简单的数控加工程序可直接通过机床操作面板上的MDI功能键手工输入。而当程序较长较复杂时，可先将程序存储在控制介质中，然后通过机床接口，将程序自动输入机床。也可通过传输软件与传输线，直接利用计算机进行程序的自动输入。

【机床程序校验的准确性】

有些同学认为，在图形程序校验时，如果机床没有报警而且模拟图形的形状与所要加工的零件形状一致，那么程序就没有问题，就能顺利加工出所需要的零件，这是一个错误的观点。图形校验只能校验程序的逻辑错误与模拟加工的大致形状，而这只是程序编制的一部分，特别是Z方向的错误，从图形模拟上一般是看不出来的。而Z方向的错误最容易引起撞刀，所以图形检验只是保证程序正确的必要条件，而不是充分条件。

项目二

数控铣削加工的计算机仿真

任务1　宇龙数控仿真软件的使用

一、工作任务

本次任务是认识宇龙数控仿真系统（FANUC 系统）操作界面；掌握仿真系统中选择毛坯、夹具、刀具等的操作方法；采用手工输入方式输入项目一任务 4 中的加工程序。

二、任务实施

学习环节	学习过程和内容
新课准备	思考数控机床加工零件的一般过程。
理论学习	1. 掌握启动宇龙数控仿真系统的操作步骤。 2. 掌握仿真系统中机床的选择步骤。 3. 掌握仿真数控机床的基本操作。 （1）机床开机。 （2）回参考点。 （3）NC 程序输入。 （4）定义毛坯并安装。 （5）选择刀具并安装。 4. 掌握保存所建项目的操作步骤。
实践操作	完成本任务的操作，并填写表 2—1。

表 2—1　　实践过程记录表

仿真加工内容			工件材料		
设备名称		夹具名称		加工起止时间	—
加工步骤	操作过程				
选择机床和数控系统					

续表

机床开机回参考点	
定义毛坯并安装夹具	
安装零件	毛坯尺寸：________
安装刀具	刀具规格：________
输入 NC 程序	
主轴正转	
主轴停止	
保存项目	

提示

主轴接近工作台时，不允许安装或拆卸刀具，否则系统会禁止继续操作。刀具在非旋转状态，不允许刀具接近工件或与工件接触，否则系统也会禁止继续操作。

思考

打开保存的项目时，还需要重新开机、回零吗？

三、任务测评

先自己检测完成任务的情况，再与同学互检，合格后交指导老师评分，老师签字后方可进行下一任务的实训。

项目与权重	序号	技术要求	配分	评分标准	检测记录			得分
					自测	互测	实测	
纪律（30%）	1	准时到达机房	5	迟到全扣				
	2	工具齐全	5	不合格全扣				
	3	练习过程专注认真	20	不认真全扣				
	4	基础操作	10	根据熟练程度酌情扣分				

续表

项目与权重	序号	技术要求	配分	评分标准	检测记录			得分
					自测	互测	实测	
计算机操作熟练（50%）	5	回零操作	10	根据熟练程度酌情扣分				
	6	灵活控制机床运动	10	根据熟练程度酌情扣分				
	7	工件、刀具安装	10	根据熟练程度酌情扣分				
	8	程序输入	10	根据熟练程度酌情扣分				
安全文明（20%）	9	爱护计算机设备	10	不爱护全扣				
	10	卫生	10	不合格全扣				

四、拓展练习

1．将下面的程序输入仿真系统。

```
O5555
N10 G90 G94 G21 G40 G17 G54;
N20 G91 G28 Z0;
N30 M03 S600;
N40 G90 G00 X-52.0 Y-52.0;
N50 Z20.0 M08;
N60 G01 Z-8.0 F100;
N70 Y52.0;
N80 G00 Z3.0;
N90 X-44.0 Y-52.0;
N100 G01 Z-4.0;
N110 Y52.0;
N120 G00 Z3.0;
N130 X-5.0 Y65.0;
N140 G01 Z-5.5;
N150 G03 X10.0 Y50.0 R15.0;
N160 G02 Y-50.0 R50.0;
N170 G03 X-5.0 Y-65.0 R15.0;
N180 G00 Z100.0 M09;
N190 M05;
N200 M30;
```

2．将毛坯尺寸设置为100 mm×80 mm×40 mm，台虎钳装夹，并将工件置于工作台合适的位置；选用ϕ12 mm的立铣刀，并完成装夹。

3．将毛坯尺寸设置为ϕ100 mm×40 mm，三爪自定心卡盘装夹，并将工件置于工作台合适的位置；选用ϕ12 mm的键槽铣刀，并完成装夹。

课后阅读

【常用对刀工具】

常用的对刀方法有"试切法"对刀和"工具"对刀两种。"试切法"对刀是利用铣刀与工件相接触产生切屑或摩擦声来找到工件坐标系原点的机床坐标值，它适用于工件侧面要求不高的场合；加工模具或表面要求较高的工件需要采用"工具"对刀。通常选用的对刀工具有机械式寻边器、光电式寻边器、3D 表、三维测头等，如图 2—1 所示。

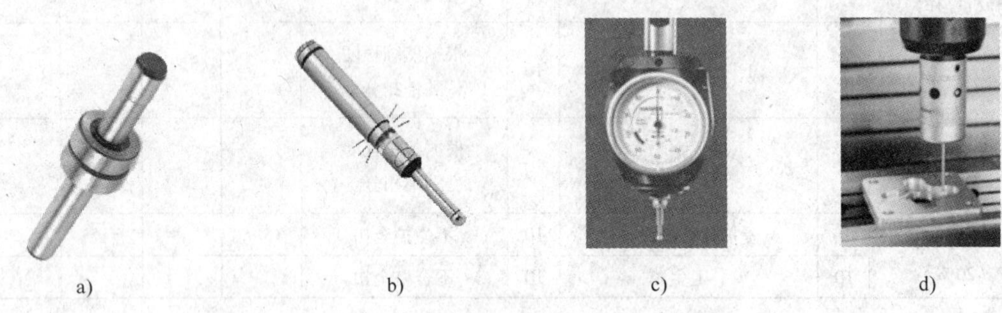

a)　　b)　　c)　　d)

图 2—1　常用对刀工具

a）机械式寻边器　b）光电式寻边器　c）3D 表　d）三维测头

1. 机械式寻边器

机械式寻边器又称为分中棒或找正器，分为偏心式寻边器、回转式寻边器等类型。需要旋转使用，一般配合转速为 400 ~ 600 r/min，只能测量 X、Y 向，精度为 0.01 mm。可测量直径大于 10 mm 的孔。

2. 光电式寻边器

也有人称为分中棒，可以不旋转使用，在光电式寻边器触头接触工件时会发光及有声音提示操作人员，因此可以远距离操作。只能测量 X、Y 向。光电式寻边器比偏心式寻边器测量精度要高一些。一般测量直径在 10 mm 以上的孔。

3. 3D 表

可以测量 X、Y、Z 向，但测量值需通过人为读数来计算。3D 表一般可以测量直径在 6 mm以上的孔。

4. 三维测头

在测量时不需要旋转，可以测量 X、Y、Z 向，精度达到 0.006 mm。三维测头接触工件时会发光及有声音提示操作人员，因此可以远距离操作。可以测量直径在 2 mm 以上的孔。

任务 2　仿真加工实例

一、工作任务

本次任务是根据现有的加工程序（O0200），采用 $R2$ mm 的球头铣刀在计算机上数控仿真加工如图 2—2 所示零件（槽深为 1.5 mm，毛坯为 100 mm × 80 mm × 15 mm 的铝件）。

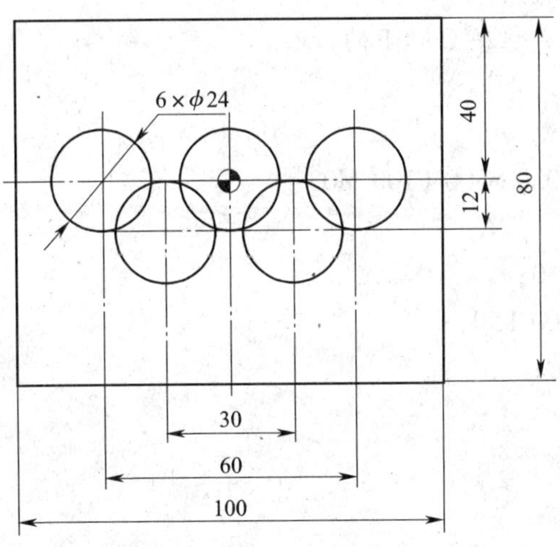

图 2—2　数控铣床仿真加工实例

```
O0200;
N10 G90 G94 G21 G40 G17 G54;
N20 G91 G28 Z0;
N30 M03 S3000;
N40 G90 G00 X-42.0 Y0;
N50 Z5.0 M08;
N60 G01 Z-1.5 F40;
N70 G02 I12.0 F100;
N80 G00 Z3.0;
N90       X-12.0 Y0;
N100 G01 Z-1.5 F40;
N110 G02 I12.0 F100;
N120 G00 Z3.0;
N130      X18.0 Y0;
N140 G01 Z-1.5 F40;
N150 G02 I12.0 F100;
N160 G00 Z3.0;
N170      X-15.0 Y-24.0;
N180 G01 Z-1.5 F40;
N190 G02 J12.0 F100;
N200 G00 Z3.0;
N210      X15.0 Y-24.0;
N220 G01 Z-1.5 F40;
N230 G02 J12.0 F100;
N240 G00 Z100.0 M09;
N250 M05;
N260 M30;
```

二、任务实施

学习环节	学习过程和内容
新课准备	思考如何完成下列操作： ● 启动宇龙数控仿真软件系统。 ● 选择 FANUC 0I Mate 系统数控铣床。 ● 回参考点。

理论学习	1. 熟练掌握程序输入操作步骤。 ◆ 请同学示范操作过程，完成程序 O0001 的输入。 O0001； N05 G54 G94 G40 G21； N10 G90 G01 X -30. 0 Y -20. 0 S500 F100 M03； N20 G01 Y0； N30 G02 X30. 0 Y0 R30. 0； N40 X0 I -15. 0 S200 F50； N50 G91 G03 X -30. 0 R15. 0； N60 G90 G00 Y -20. 0； N70 G00 X0 Y0 M05； N80 M30； 2. 掌握刀具运行轨迹检查操作步骤。 ◆ 思考回答： 加工程序的校验方法有哪些？ 3. 掌握程序导入操作步骤。 4. 熟练掌握毛坯安装操作步骤。 5. 熟练掌握刀具安装操作步骤。 6. 掌握对刀及对刀参数输入操作步骤。 ◆ 思考回答： 如何确定该加工零件（五环）的工件坐标系（原点）？ ◆ 请同学示范操作过程，完成对刀及 G54 参数输入。 7. 掌握自动加工操作步骤。 8. 熟练掌握存储项目文件操作步骤。

实践操作

完成本任务工件的加工，并填写表2—2。

表2—2　　实践过程记录表

仿真加工内容			工件材料		
设备名称		夹具名称		加工起止时间	—
加工步骤	操作过程				
在记事本中输入加工程序					
打开上次存储项目					
新建项目					
机床开机回参考点					
导入加工程序					
检查刀具运行轨迹					
隐藏机床外壳					
安装零件	毛坯尺寸：______				
安装刀具	刀具规格：______				
对刀及参数设置	简单画出对刀点位置：			G54 X______ Y______ Z______	
自动加工					
主轴停止					
测量					
分析加工结果					
保存项目					

提示

（1）在记事本中输入程序时尽量采用大写格式，便于检查阅览。

（2）对刀时，当刀具接近工件时，机床运动要改为手轮控制。

（3）对刀时利用视图功能“　　　　”切换视图，以便于观察刀具与工件的相对位置，使仿真操作更加直观。

思考

（1）在 Z 向对刀时，选择俯视图"□"进行操作，如图 2—3 所示。请在图中标出机床坐标系 $+X$、$+Y$、$+Z$ 三根轴的位置。

（2）在 Y 向对刀时，选择左视图"□"，如图 2—4 所示。现在要将刀具朝工件侧面靠近，是按"+Y"键还是按"-Y"键？在 Y 向对刀时，选择左视图"□"或右视图"□"，视图显示与操作方向一致吗？

图 2—3　Z 向对刀

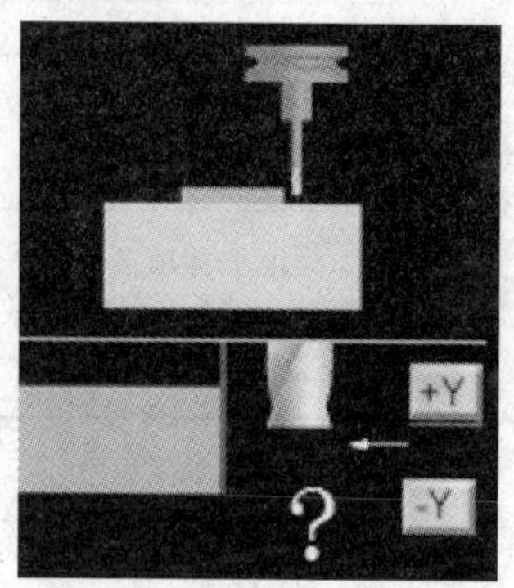

图 2—4　Y 向对刀

三、任务测评

先自己检测完成任务的情况，再与同学互检，合格后交指导老师评分，老师签字后方可进行下一任务的实训。

项目与权重	序号	技术要求	配分	评分标准	检测记录			得分
					自测	互测	实测	
纪律（30%）	1	准时到达机房	5	迟到全扣				
	2	学习工具齐全	5	不合格全扣				
	3	练习过程专注认真	20	不认真全扣				
计算机操作熟练（50%）	4	基础操作	10	根据熟练程度酌情扣分				
	5	回零操作	10	根据熟练程度酌情扣分				
	6	灵活控制机床运动	10	根据熟练程度酌情扣分				
	7	工件、刀具安装	10	根据熟练程度酌情扣分				
	8	程序输入	10	根据熟练程度酌情扣分				
安全文明（20%）	9	爱护计算机设备	10	不爱护全扣				
	10	卫生	10	不合格全扣				

四、拓展练习

1. 在仿真机床上完成项目一任务 3 中零件（见图 1—6）的加工。

2. 根据现有的加工程序，采用 ϕ10 mm 的立铣刀在计算机上数控仿真加工如图 2—5 所示零件。主要加工内容为 *A* ~ *H* 共 8 条凹槽，槽深为 5 mm。其中每条槽对应一个加工程序，相应的编程原点位置如图 2—5 所示。毛坯为 120 mm × 100 mm × 20 mm 的铝件。

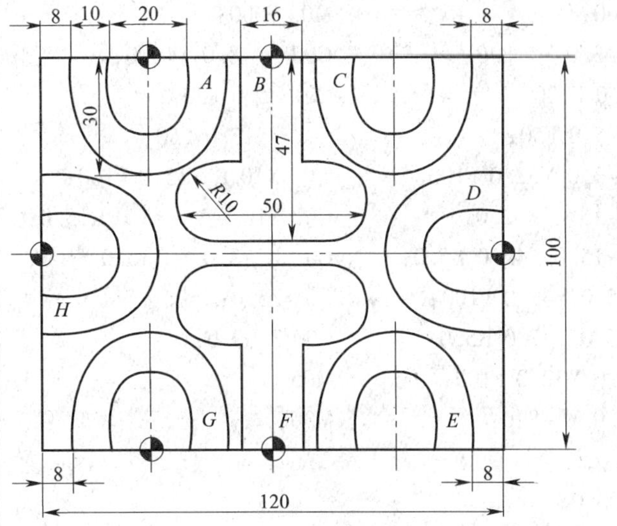

图 2—5　仿真加工技能拓展练习件

加工槽 *A/C* 程序

```
O0001;
G54 G94 G90 G21;
G91 G28 Z0;
G90 G00 Z100.0;
M03 S500;
G00 X-15.0 Y8.0;
G01 Z5.0 F300;
    Z-5.0 F50;
G01 X-15.0 Y-10.0 F100;
G03 X15.0 Y-10.0 R15.0;
G01 X15.0 Y8.0 F100;
G01 Z5.0;
G00 Z100.0;
M05;
M30;
```

加工槽 *B* 程序

```
O0002;
G54 G94 G90 G21;
G91 G28 Z0;
G90 G00 Z100.0;
M03 S500;
G00 X-3.0 Y8.0;
G01 Z5.0 F300;
    Z-5.0 F50;
G01 X-3.0 Y-32.0 F100;
    X-15.0 Y-32.0;
G03 X-15.0 Y-42.0 R5.0;
G01 X15.0 Y-42.0 F100;
G03 X15.0 Y-32.0 R5.0;
G01 X3.0 Y-32.0 F100;
    X3.0 Y8.0;
G01 Z5.0;
G00 Z100.0;
M05;
M30;
```

加工槽 *D* 程序

```
O0003;
G54 G94 G90 G21;
G91 G28 Z0;
G90 G00 Z100.0;
M03 S500;
G00 X8.0 Y15.0;
G01 Z5.0 F300;
    Z-5.0 F50;
    X-10.0 Y15.0 F100;
G03 X-10.0 Y-15.0 R15.0;
G01 X8.0 Y-15.0 F100;
G01 Z5.0;
G00 Z100.0;
M05;
M30;
```

加工槽 *E/G* 程序

```
O0004;
G54 G94 G90 G21;
G91 G28 Z0;
G90 G00 Z100.0;
M03 S500;
G00 X-15.0 Y-8.0;
G01 Z5.0 F300;
    Z-5.0 F50;
G01 X-15.0 Y10.0 F100;
G02 X15.0 Y10.0 R15.0;
G01 X15.0 Y-8.0 F100;
G01 Z5.0;
G00 Z100.0;
M05;
M30;
```

加工槽 *F* 程序

```
O0005;
G54 G94 G90 G21;
G91 G28 Z0;
G90 G00 Z100.0;
M03 S500;
G00 X-3.0 Y-8.0;
G01 Z5.0 F300;
    Z-5.0 F50;
G01 X-3.0 Y32.0 F100;
    X-15.0 Y32.0;
G02 X-15.0 Y42.0 R5.0;
G01 X15.0 Y42.0 F100;
G02 X15.0 Y32.0 R5.0;
G01 X3.0 Y32.0 F100;
    X3.0 Y-8.0;
G01 Z5.0;
G00 Z100.0;
M05;
M30;
```

加工槽 *H* 程序

```
O0006;
G54 G94 G90 G21;
G91 G28 Z0;
G90 G00 Z100.0;
M03 S500;
G00 X-8.0 Y15.0;
G01 Z5.0 F300;
    Z-5.0 F50;
    X10.0 Y15.0 F100;
G02 X10.0 Y-15.0 R15.0;
G01 X-8.0 Y-15.0 F100;
G01 Z5.0;
G00 Z100.0;
M05;
M30;
```

课后阅读

【仿真软件的特点】

仿真软件操作的安全性很高，不会因为学生的错误操作而造成人身伤害，更不会损坏机床，不需要原材料，投入资金少，占地小，不会造成资源浪费，因此对学生快速学习数控加工是一个很好的辅助软件。而且现在很多仿真软件都有试用版本或可在网上下载，若学生想课后回家练习，也可自己通过网络下载安装，在家里练习。但作为仿真软件，它和实际机床还是有很大区别的，无法真正代替实际机床。虽然仿真系统的操作面板和实际机床是相同的，但在仿真加工时存在很多问题，包括走刀路径不明显，工件、刀具装夹不够真实，切削速度对工件加工的影响不能体现，不能对产品质量进行检验等，而且仿真软件的使用，会在一定程度上使学生放松对产品质量和生产安全的认识，因此仿真软件使用只能作为缩短实习时间，提高实习效率的一种辅助手段。而真正生产加工中的一些经验技巧必须通过实际操作来获得，因此要真正学好数控加工这门课程，必须加强实际操作。

项目三

铣削平面类零件

任务 1　铣削平面零件

一、工作任务

本次任务是编写如图 3—1 所示工件的数控铣加工程序并进行加工，毛坯为 100 mm × 80 mm × 33 mm 的 45 钢。为完成该任务，必须掌握数控加工的基础知识、数控编程的编程规则、数控编程常用指令的含义等理论知识。

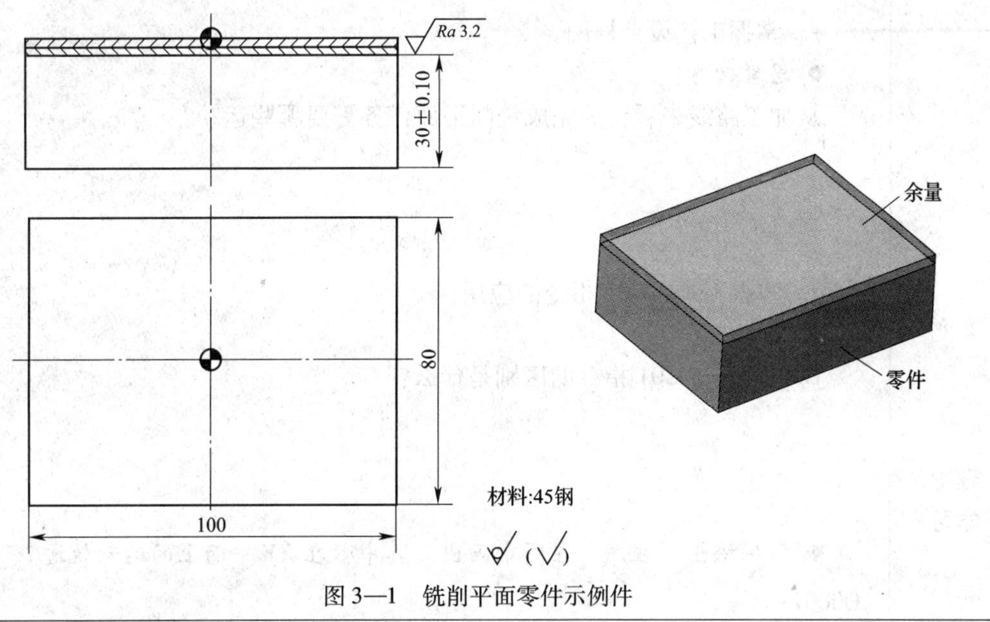

图 3—1　铣削平面零件示例件

二、任务准备

工具、量具、刀具及材料清单见表 3—1。

表 3—1　　工具、量具、刀具及材料清单

序号	名称	规格	数量	备注
1	游标卡尺	0 ~ 150 mm，0. 02 mm	1	
2	百分表	0 ~ 10 mm，0. 01 mm	1	
3	磁性表座		1	
4	面铣刀	ϕ60 mm	1	

续表

序号	名称	规格	数量	备注
5	面铣刀刀柄	BT40 - XM32 - 75	1	
6	平口钳	200 mm	1	
7	材料	100 mm × 80 mm × 33 mm，45 钢	1	
8	辅具	锉刀、垫铁、活扳手、压板、螺钉等	1 套	
9	其他	铜棒、铜皮、毛刷、抹布、洗涤剂等常用工具		选用
		计算机、计算器、编程用书等		

三、任务实施

学习环节	学习过程和内容
新课准备	思考数控机床自动加工的过程。
理论学习	1. 掌握工艺设计框图。 ◆ 思考回答： 从加工路线来看，为完成铣削平面任务需要哪些运动？ 2. 掌握 G00、G01 指令的应用。 ◆ 思考回答： G00 指令与 G01 指令的区别是什么？ ◆ 根据给出的程序，在图中画出刀具中心在 *XY* 平面上的运动轨迹。 O0001； … G90 G00 X - 30. 0 Y - 30. 0；（*Q* 点） G01 X - 20. 0 F100；（*A* 点） Y20. 0；（*B* 点） X20. 0；（*C* 点） Y - 20. 0；（*D* 点） X - 30. 0；（*E* 点） G00 X - 30. 0 Y - 30. 0；（*J* 点） …

	O0002； … G90 G00 X－30.0 Y－30.0；（Q 点） G01 Y－20.0 F100；（A 点） X20.0；（B 点） G91 X40.0；（C 点） Y－40.0；（D 点） G90 Y－30.0；（E 点） G00 X－30.0 Y－30.0；（J 点） … 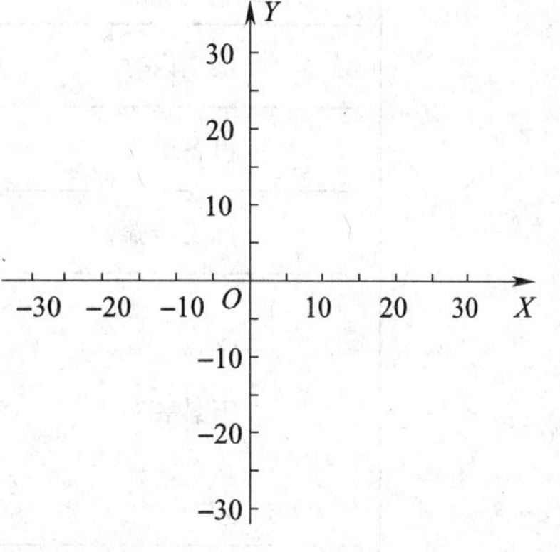 3. 掌握常用 M 指令的应用。 ◆ 思考回答： M 指令有哪些功能？这些功能具有什么特点？ 4. 掌握编制零件加工程序的基本过程。 5. 编写本次任务加工程序。
实践操作	1. 观察示范： （1）装刀时仔细观察刀具伸出位置。 （2）装夹工件时仔细观察工件位于平口钳的什么位置。 （3）自动加工时采用“单段”运行方式。 （4）操作时，一手放在循环启动键上，另一手放在循环停止键上，眼睛时刻观察刀具运行轨迹和加工程序，以保证加工安全。 2. 完成本任务工件的加工，并填写表 3—2。

表 3—2　　实践过程记录表

加工内容			工件材料		
设备名称		夹具名称		加工起止时间	—
加工步骤	操作过程				
刀具装夹	刀具规格：__________ 刀具装夹注意事项：				
工件装夹	毛坯尺寸：__________ 工件装夹注意事项：				
程序输入					
对刀及参数设置	画出对刀点位置：			G54 X __________ Y __________ Z __________	
模拟检验 机床锁住空运行					
检验结果分析					
回零					
倍率开关设置					
自动加工 （1）绘出刀具中心运动轨迹 （2）在图上标出实际切削速度及铣削深度					
测量工具名称及规格					
加工结果分析					
关机					

提示

（1）开始自动加工前，保证刀具离工件有一定的安全距离。

（2）执行程序前，必须确认光标位于程序起始位置，即从程序头开始执行。

（3）机床在自动加工时人不可离开。要仔细观察刀具运行情况，根据CRT屏幕提示的刀具中心位置，判断机床的实际加工位置是否正确，若有误，可按下 RESET 键，停止机床运行。

（4）加工时要专注认真，碰到紧急情况（撞刀、工件松动等），快速镇定地按下机床急停按钮。抬刀，重新装夹工件、刀具。如果要重新开始加工，则要重新对刀，而且要保证工件被加工部位没有刀具的残留物，否则会引起崩刃。

思考

（1）暂停按钮、RESET 、急停按钮的功能。

（2）盘铣刀铣削时，切屑的飞溅方向与刀具路线有关系吗？

（3）根据加工时机床屏幕上的提示信息，如图 3—2 所示，判断刀具当前位置及运动趋势，并在图 3—3 中画出。

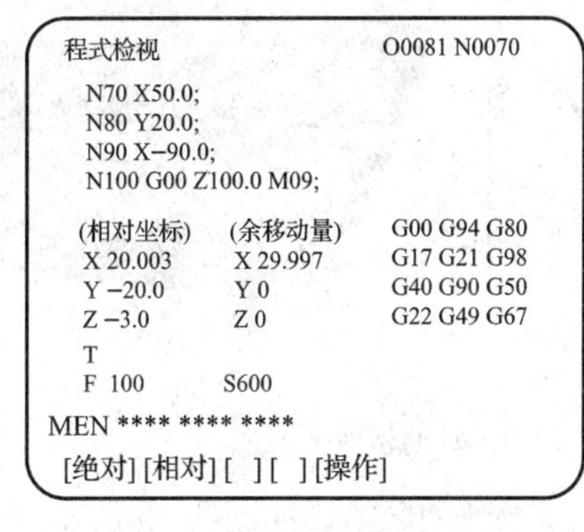

图 3—2　自动加工检视画面

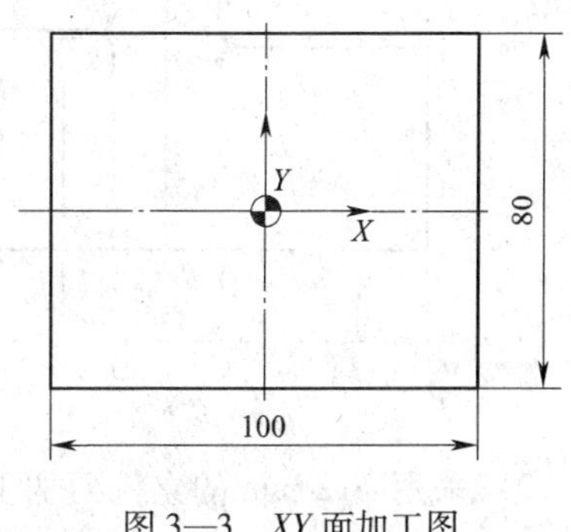

图 3—3　*XY* 面加工图

四、任务测评

先自己检测完成任务的情况，再与同学互检，合格后交指导老师评分，老师签字后方可进行下一任务的实训。

项目与权重	序号	技术要求	配分	评分标准	检测记录			得分
					自测	互测	实测	
实习纪律（20%）	1	准时到达实习场地	5	迟到全扣				
	2	工具齐全	5	不合格全扣				
	3	实习过程专注认真	10	不认真全扣				
程序与工艺（20%）	4	程序格式规范	10	不规范全扣				
	5	程序正确、完整	5	不正确全扣				
	6	加工工艺合理	5	不合理全扣				
加工操作（35%）	7	机床操作熟练	5	不熟练全扣				
	8	坐标系设定正确	5	不正确全扣				
	9	进给参数设定合理	10	不合理全扣				
	10	轮廓正确	10	不合格全扣				
	11	去毛刺	5	不合格全扣				
安全文明生产（25%）	12	操作规范	10	不规范全扣				
	13	意外情况处理合理	5	不合理全扣				
	14	机床维护与保养	5	不合格全扣				
	15	工作场所整理	5	不合格全扣				

五、拓展练习

1. 采用ϕ12 mm 的立铣刀加工深度为 5 mm 的凹槽 1 和凹槽 2，如图 3—4 所示（已知毛坯尺寸为 130 mm×100 mm×20 mm）。要求设计对刀点及对刀方法，并完成工件加工。

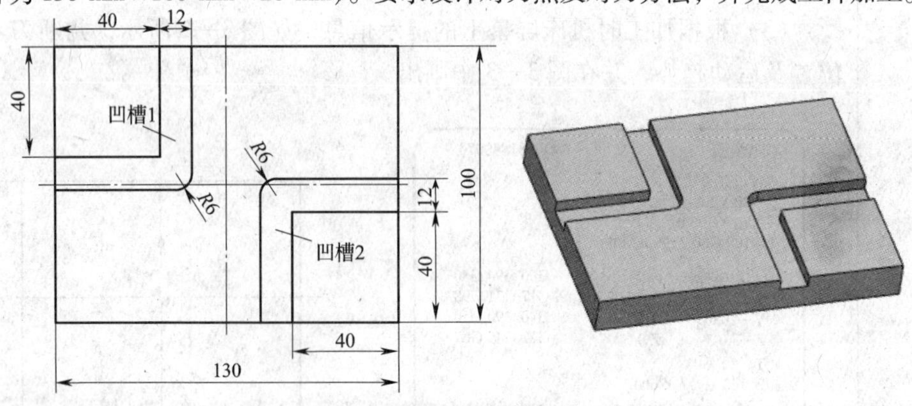

图 3—4　凹槽加工技能拓展 1

2. 采用ϕ12 mm 的立铣刀加工深度为 5 mm 的凹槽，如图 3—5 所示（已知毛坯尺寸为 100 mm×85 mm×20 mm）。

加工要求：

（1）画出刀具中心轨迹。

（2）设定工件原点，并标出刀具在加工过程中经过的各基点坐标。

（3）完成零件的加工及测量。

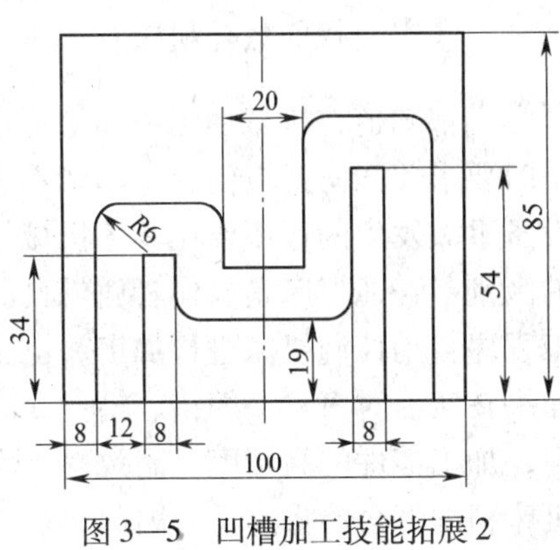

图 3—5　凹槽加工技能拓展 2

课后阅读

【学习方法与技巧】

同其他知识和技能的学习一样，掌握正确的学习方法对提高数控编程技术的学习效率和质量起着十分重要的作用。下面是几点建议：

（1）集中精力在较短的时间内完成一个学习目标，并及时加以应用，避免“马拉松”式的学习。

（2）对软件功能进行合理的分类，这样不仅可提高记忆效率，而且有助于从整体上把握软件功能。

（3）从开始就注重培养规范的操作习惯，培养严谨、细致的工作作风，这一点往往比单纯学习技术更为重要。

（4）养成良好的编程习惯和风格，如程序中要使用程序段号、字与字之间要有空格、多写注释语句等，使程序清晰，便于阅读和修改；编程时尽量使用分支语句、主程序及宏功能指令，以减少主程序的长度。

（5）将平时遇到的问题、失误和学习要点记录下来，这种积累的过程就是水平不断提高的过程。

需要特别指出的是，实践经验是数控编程技术的重要组成部分，只能通过加工实践获得，这是从任何一本数控加工培训教材上都不可能学到的。在不同的加工环境下所产生的工艺因素变化是很难用书面形式来表述完整的，因此本书充分强调与实践相结合。最后，如同学习其他技术一样，要做到“在战略上藐视敌人，在战术上重视敌人”，既要对完成学习目标有坚定的信心，同时又要脚踏实地地对待每一个学习环节。

【如何编制合理的程序】

首先，必须进行大量的编程练习和实际操作，在实践中积累丰富的加工经验，如切削用量的选用、刀具和夹具等知识的积累；其次，在编程前要做大量的准备工作，如了解数控机床的性能和规格、熟悉数控系统的功能及操作、了解产品的加工要求等；最后，在编程时要将工艺等知识融入程序，提高程序的质量。

注意：编制的程序要清晰工整，要多写注释语句，以便于阅读和修改。

【安全操作数控机床】

根据前一阶段的学习，同学们都知道在机械加工中如果不遵守安全操作规程将会发生人身事故或设备事故，数控加工时要求关闭防护罩门，操作者不直接操作机床，因此人身事故的发生概率相对较小，但是设备事故发生的概率要比其他机械加工大得多，因为数控机床与普通机床的控制方式有根本的区别：普通机床是操作者凭借自己的操作经验手工操作机床进行加工；数控机床是通过加工程序自动控制机床进行加工。也就是说，数控机床不直接受人的控制，而是受程序控制，如果在实习时将程序编错、输错、改错，都可能造成撞刀等设备事故。由于数控机床价格较高，加工零件的高精度、高效率、高自动化主要是靠机床精度保证的，一旦发生设备事故，机床精度将会严重降低，因此，在进行实践操作时，一定要认真专注，尽量避免发生错误，保证人身安全与机床安全。

任务2　铣削台阶类零件

一、工作任务

本次任务是编写如图3—6所示工件的数控铣加工程序并进行加工，毛坯沿用项目三任务1的零件，为100 mm×80 mm×30 mm的45钢。为完成该任务，必须掌握圆弧插补指令、加工路线设计方法等理论知识。

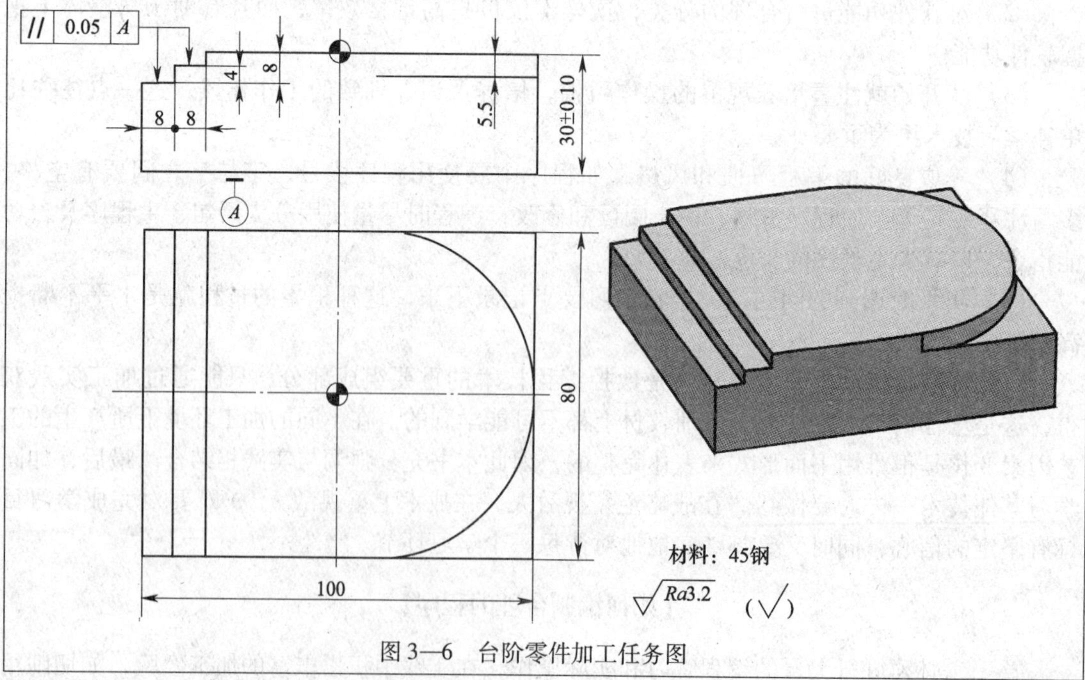

图3—6　台阶零件加工任务图

二、任务准备

工具、量具、刀具及材料清单见表 3—3。

表 3—3　　工具、量具、刀具及材料清单

序号	名称	规格	数量	备注
1	游标卡尺	0 ~ 150 mm，0.02 mm	1	
2	百分表	0 ~ 10 mm，0.01 mm	1	
3	磁性表座		1	
4	立铣刀	ϕ20 mm	1	
5	强力夹头刀柄	BT40 - C22 - 95	1	
6	弹簧夹头	ϕ20 mm	1	
7	平口钳	200 mm	1	
8	材料	沿用项目三任务 1 的零件 （100 mm × 80 mm × 30 mm，45 钢）	1	
9	辅具	锉刀、垫铁、活扳手、压板、螺钉等	1 套	
10	其他	铜棒、铜皮、毛刷、抹布、洗涤剂等常用工具		选用
		计算机、计算器、编程用书等		

三、任务实施

学习环节	学习过程和内容
新课准备	思考数控编程的一般过程。
理论学习	1. 掌握本次加工任务的工艺设计方法。 ◆ 选择刀具。 ◆ 确定切削用量。 ◆ 在图 3—7 中绘出加工路线。 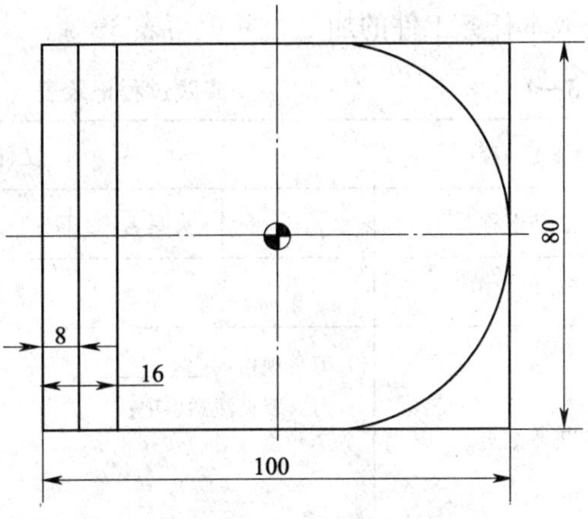 8　16　80　100 图 3—7　设计加工路线

2. 掌握圆弧插补指令。

（1）指令介绍。

（2）指令的应用。

◆ 思考讨论：

要求加工深度为5 mm的凹槽，如图3—8所示（已知毛坯尺寸为220 mm×130 mm×20 mm），请问，如何选择刀具？工件原点设定在哪个位置？如何设计走刀路线方便程序编制？

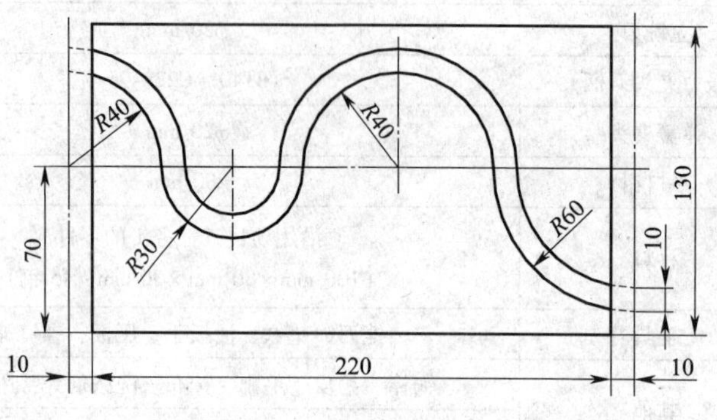

图3—8 习题图

3. 掌握其他基本指令。

（1）自动返回参考点指令。

（2）工件坐标系选择指令。

4. 编写本次任务加工程序。

实践操作

完成本任务工件的加工，并填写表3—4。

表3—4 实践过程记录表

加工内容			工件材料		
设备名称		夹具名称		加工起止时间	—
加工步骤	操作过程				
刀具装夹	刀具规格：________ 刀具装夹注意事项：				

续表

工件装夹	毛坯尺寸：__________ 工件装夹注意事项：
程序输入	
对刀及参数设置	画出对刀点位置： G54 X ________ Y ________ Z ________
模拟检验 机床锁住空运行	
检验结果分析	
回零	
倍率开关设置	
自动加工 （1）绘出刀具中心运动轨迹 （2）在图上标出实际切削速度及铣削深度	
测量工具名称及规格	
加工结果分析	
关机	

提示

程序输入时，注意不要忘记输入 G02/G03 后面的 R；在切削过程中注意刀具的下刀点，不允许刀具在工件上垂直下刀，否则会使刀具折断。

思考

某同学在加工时一切正常，但在执行 N130 程序段时，发现 N160 程序段中的 R150.0 没有写，于是他按下 RESET 键，抬刀，修改程序，检查，程序无误。然后转换至自动加工状态，此时，刀具距离工件有一定的安全距离，光标在 N160 程序段，某同学按下循环启动按钮，进入加工状态，请问刀具会撞上工件吗？

四、任务测评

先自己检测完成任务的情况，再与同学互检，合格后交指导老师评分，老师签字后方可进行下一任务的实训。

项目与权重	序号	技术要求	配分	评分标准	检测记录			得分
					自测	互测	实测	
实习纪律（20%）	1	准时到达实习场地	5	迟到全扣				
	2	工具齐全	5	不合格全扣				
	3	实习过程专注认真	10	不认真全扣				
程序与工艺（20%）	4	程序格式规范	10	不规范全扣				
	5	程序正确、完整	5	不正确全扣				
	6	加工工艺合理	5	不合理全扣				
加工操作（35%）	7	机床操作熟练	6	不熟练全扣				
	8	坐标系设定正确	6	不正确全扣				
	9	圆弧轮廓正确	3	不合格全扣				
	10	圆弧高 5.5 mm	3	不合格全扣				
	11	台阶宽 8 mm	3×2	不合格全扣				
	12	台阶高 4 mm/8 mm	3×2	不合格全扣				
	13	去毛刺	5	不合格全扣				
安全文明生产（25%）	14	操作规范	10	不规范全扣				
	15	意外情况处理合理	5	不合理全扣				
	16	机床维护与保养	5	不合格全扣				
	17	工作场所整理	5	不合格全扣				

五、拓展练习

1. 采用 ϕ10 mm 的立铣刀加工深度为 5 mm 的凹槽，如图 3—9 所示（已知毛坯尺寸为 120 mm×100 mm×20 mm）。

加工要求：

（1）画出刀具中心轨迹。

（2）设定工件原点，并标出刀具在加工过程中经过的各基点坐标。

（3）完成零件的加工及测量。

2. 采用 ϕ12 mm 的立铣刀加工深度为 5 mm 的凹槽，如图 3—10 所示（已知毛坯尺寸为 120 mm×100 mm×20 mm）。

加工要求：

（1）画出刀具中心轨迹。

（2）设定工件原点，并标出刀具在加工过程中经过的各基点坐标。

（3）完成零件的加工及测量。

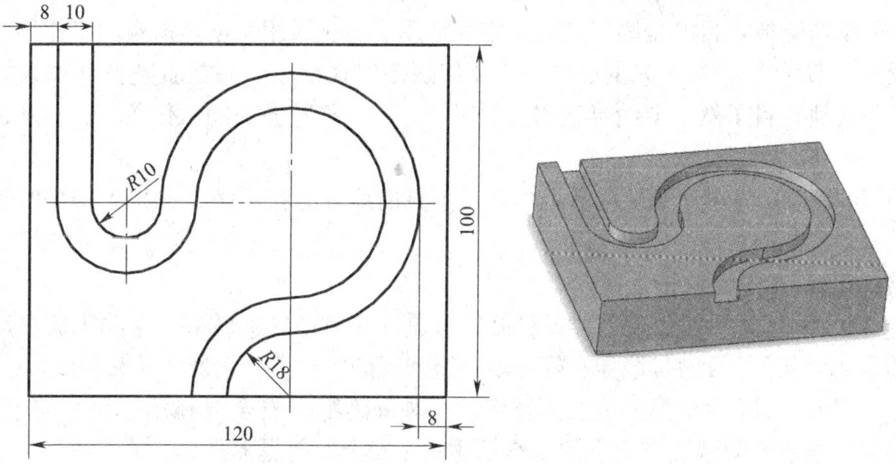

图 3—9　直线圆弧槽技能拓展 1

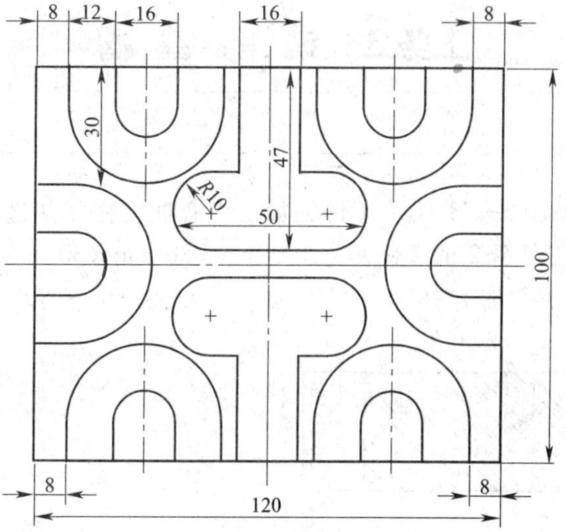

图 3—10　直线圆弧槽技能拓展 2

课后阅读

【6S 管理】

6S 管理由日本企业的 5S 管理扩展而来，是现代工厂行之有效的现场管理理念和方法，其作用是：提高效率，保证质量，使工作环境整洁有序，预防为主，保证安全。6S 的本质是一种具有执行力的企业文化，强调纪律性的文化，不怕困难，想到做到，做到做好，作为基础性的 6S 工作的落实，能为其他管理活动提供优质的管理平台。

6S 的内容如下：

整理（SEIRI）将工作场所的所有物品区分为有必要的和没有必要的，有必要的留下来，其他的都清除掉。目的是腾出空间、空间活用、防止误用，创造清爽的工作场所。

整顿（SEITON）把留下来的必要的物品依规定位置摆放，并放置整齐，加以标示。目的是使工作场所一目了然，节约寻找物品的时间，创造整整齐齐的工作环境，清除过多的积压物品。

清扫（SEISO）将工作场所内看得见与看不见的地方清扫干净，保持工作场所干净、亮丽。目的是稳定品质，减少工业伤害。

清洁（SEIKETSU）维持上面3S的成果。

素养（SHITSUKE）每位成员养成良好的习惯，并遵守规则做事，培养积极主动的做事风格（也称习惯性）。目的是培养有好习惯、遵守规则的员工，培养团队精神。

安全（SECURITY）重视全员安全教育，每时每刻都将安全放在第一位，防患于未然。目的是建立安全生产的环境，所有的工作都建立在安全的前提下。

因其日语的罗马拼音均以“S”开头，因此简称为“6S”。

任务3　铣削键槽

一、工作任务

本次任务是编写如图3—11所示工件的加工中心加工程序并进行加工（键槽深均为5 mm，毛坯沿用项目三任务2的零件，为100 mm×80 mm×30 mm的45钢）。为完成该任务，必须掌握数控铣床/加工中心的刀具系统、自动换刀指令等理论知识。

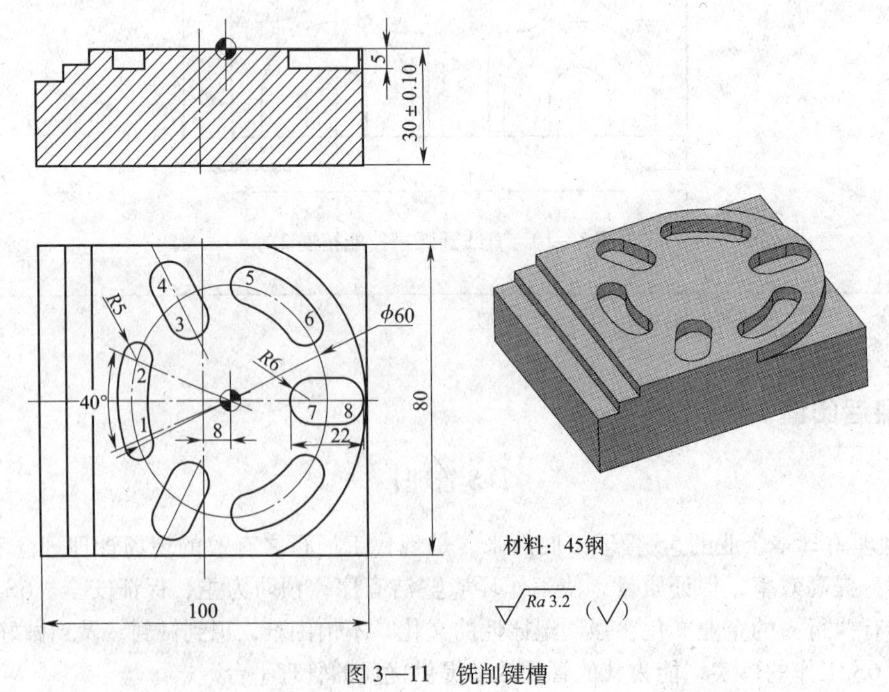

图3—11　铣削键槽

二、任务准备

工具、量具、刀具及材料清单见表 3—5。

表 3—5　　　　　　　　　　工具、量具、刀具及材料清单

序号	名称	规格	数量	备注
1	游标卡尺	0 ~ 150 mm，0. 02 mm	1	
2	万能量角器	0 ~ 320°，2′	1	
3	半径样板	*R*5 ~ 10 mm	1	
4	百分表	0 ~ 10 mm，0. 01 mm	1	
5	磁性表座		1	
6	键槽铣刀	ϕ10 mm，ϕ12 mm	各 1	
7	强力夹头刀柄	BT40 – C22 – 95	1	
8	弹簧夹头	ϕ10 mm，ϕ12 mm	各 1	
9	平口钳	200 mm	1	
10	材料	沿用项目三任务 2 的零件 （100 mm × 80 mm × 30 mm，45 钢）	1	
11	辅具	锉刀、垫铁、活扳手、压板、螺钉等	1 套	
12	其他	铜棒、铜皮、毛刷、抹布、洗涤剂等常用工具		选用
		计算机、计算器、编程用书等		

三、任务实施

学习环节	学习过程和内容
新课准备	思考如何加工本次任务中的六个键槽（要求从工艺分析入手，给出加工路线）？
理论学习	1. 掌握本次加工任务的工艺设计。 （1）掌握选择刀具的技巧。 （2）了解加工中心换刀系统。 ◆ 通过观看加工中心自动换刀操作，思考回答下面的问题： 仔细观察图 3—12、图 3—13 所示的刀库结构，试说出它们各自在加工时，最多能装多少把刀具。  图 3—12　机械手换刀  图 3—13　主轴换刀

（3）掌握本次任务的加工路线设计方法。

◆ 在图 3—14 中绘出加工路线。

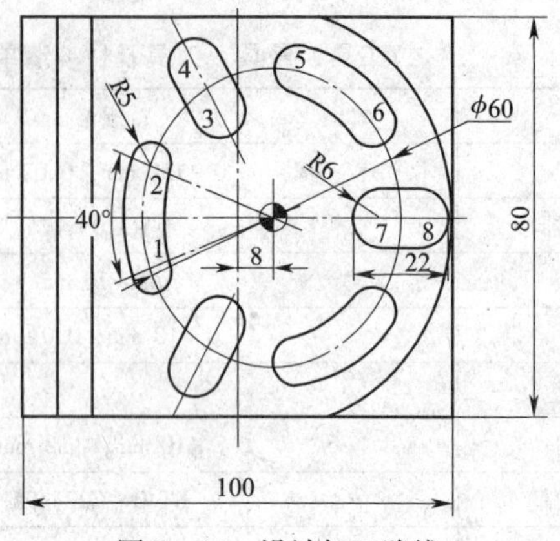

图 3—14　设计加工路线

2. 掌握自动换刀指令。

3. 编制本次加工任务程序。

实践操作

完成本任务工件的加工，并填写表 3—6。

表 3—6　　实践过程记录表

加工内容			工件材料		
设备名称		夹具名称		加工起止时间	—
加工步骤	操作过程				
刀具装夹	刀具规格：________ 刀具装夹注意事项：				
工件装夹	毛坯尺寸：________ 工件装夹注意事项：				
程序输入					
对刀及参数设置	画出对刀点位置： G54 X________ Y________ Z________				

续表

模拟检验 机床锁住空运行	
检验结果分析	
回零	
倍率开关设置	
自动加工 （1）绘出刀具中心运动轨迹 （2）在图上标出实际切削速度及铣削深度	
测量工具名称及规格	
加工结果分析	
关机	

提示

（1）保证刀库中 1 号与 2 号刀位没有刀具。

（2）在安装刀具前必须先将卡簧、螺母螺纹部分及定位面、夹套锥面清理干净。对于弹簧夹头刀柄装夹，必须先将卡簧装入螺母中，然后再安装弹簧夹头和刀具，如图 3—15 所示。对于强力铣夹头，安装时切记勿敲击，如图 3—16 所示。

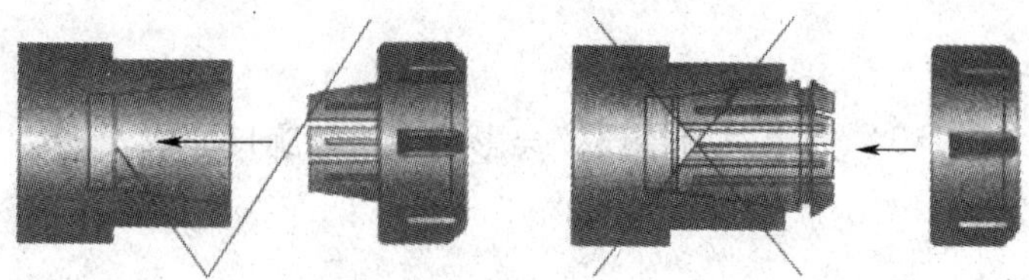

图 3—15　弹簧夹头安装顺序

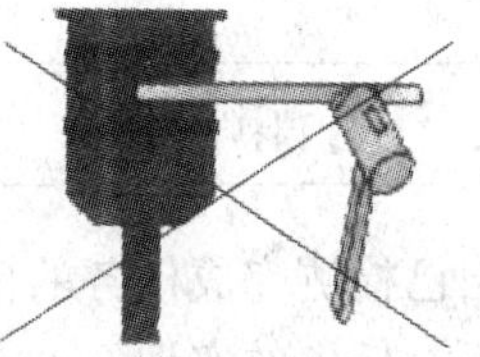

图 3—16　强力铣夹头的安装方法

（3）安装的刀具规格与弹簧夹头规格应一致。如果发现规格一致，但刀杆放不进弹簧夹头，可利用千分尺测量刀杆直径，以判断刀杆尺寸是否超差。

（4）拉钉选用必须与机床主轴结构一致。例如，有些机床配备的是45°拉钉，有些是90°拉钉，如图3—17所示。

图3—17　拉钉实物图

（5）将刀柄安装到机床主轴锥孔中时，必须对准卡槽，若没对准，刀具在受力的情况下会导致刀柄掉落，损坏机床、刀具。

（6）取下刀具时，一定要握牢刀柄，以免夹紧装置突然松开，刀具重力导致刀柄从手中滑落，砸在机床上，损坏机床、刀具。

思考

（1）利用键槽铣刀能铣外轮廓吗？如果能，那为什么一般不用键槽铣刀铣外轮廓？

（2）主轴准停功能在加工中心换刀中的作用是什么？

（3）如果对刀错误，会影响键槽轮廓尺寸吗？

四、任务测评

先自己检测完成任务的情况，再与同学互检，合格后交指导老师评分，老师签字后方可进行下一任务的实训。

项目与权重	序号	技术要求	配分	评分标准	检测记录			得分
					自测	互测	实测	
实习纪律（20%）	1	准时到达实习场地	5	迟到全扣				
	2	工具齐全	5	不合格全扣				
	3	实习过程专注认真	10	不认真全扣				
程序与工艺（20%）	4	程序格式规范	10	不规范全扣				
	5	程序正确、完整	5	不正确全扣				
	6	加工工艺合理	5	不合理全扣				
加工操作（35%）	7	机床操作熟练	3	不熟练全扣				
	8	坐标系设定正确	3	不正确全扣				
	9	直槽轮廓	2×3	不合格全扣				
	10	直槽位置	2×3	不合格全扣				
	11	圆弧槽轮廓	2×3	不合格全扣				
	12	圆弧槽位置	2×3	不合格全扣				
	13	去毛刺	5	不合格全扣				
安全文明生产（25%）	14	操作规范	10	不规范全扣				
	15	意外情况处理合理	5	不合理全扣				
	16	机床维护与保养	5	不合格全扣				
	17	工作场所整理	5	不合格全扣				

五、拓展练习

试在加工中心上完成如图 3—18 所示工件的编程与加工（已知毛坯尺寸为 120 mm × 100 mm × 25 mm）。

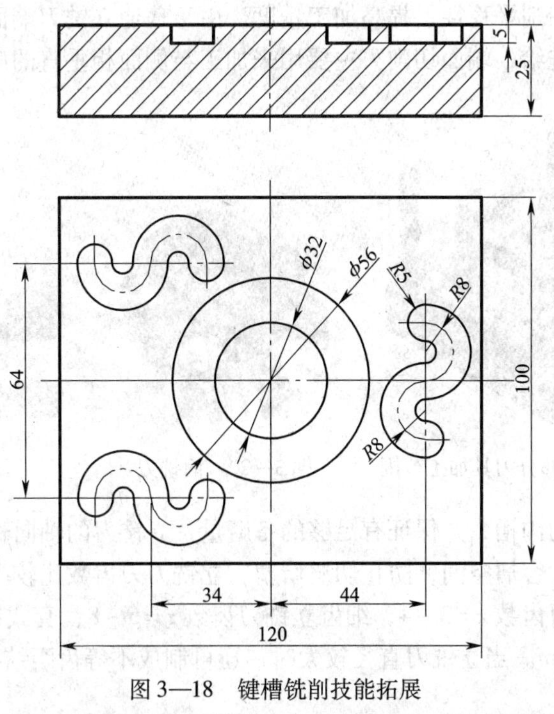

图 3—18　键槽铣削技能拓展

（1）列出选用的刀具规格。

（2）设定工件原点，编写程序。

（3）完成零件的加工及测量。

课后阅读

【铣削类刀具介绍】

加工中心所用刀具按其结构形式可分为整体式和镶齿式。整体式刀具的刀刃和刀体是一体的，刀具磨损后需要重新刃磨；而镶齿式刀具一般采用硬质合金刀片，通过一定的方式固定在刀体上，磨损后只需要更换刀片即可。加工中心用刀具按工艺用途可分为铣削类、镗削类、钻削类等几大类，可以进行面、轮廓、孔的加工，如图3—19所示。下面介绍铣削刀具类型。

1．面铣刀

如图3—20所示，面铣刀的圆周表面和端面上都有切削刃，端部切削刃为副切削刃。面铣刀多为成套式镶齿结构，刀齿为高速钢或硬质合金。

2．立铣刀

立铣刀是数控机床上用得最多的一种铣刀。如图3—21所示，立铣刀的圆柱表面和端面上都有切削刃，它们可同时进行切削，也可单独进行切削。

立铣刀圆柱表面的切削刃为主切削刃，端面上的切削刃为副切削刃。主切削刃一般为螺旋齿，这样可以增加切削平稳性，提高加工精度。由于普通立铣刀端面中心处无切削刃，所以立铣刀不能作轴向进给，端面切削刃主要用来加工与侧面相垂直的底平面。

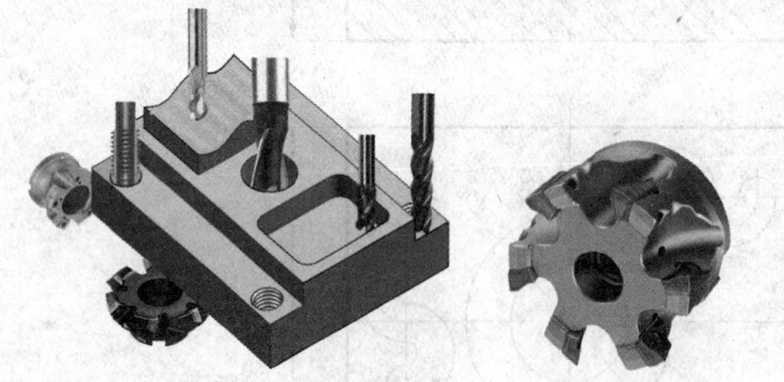

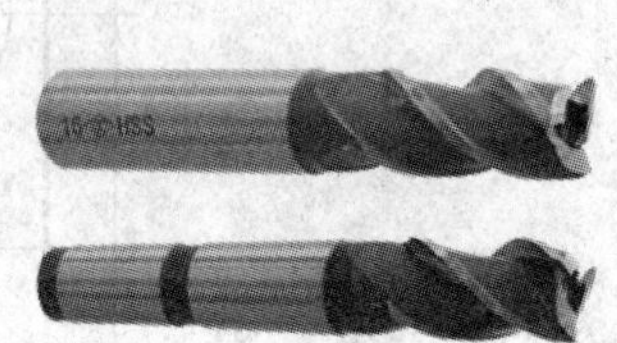

图3—19　加工中心用部分刀具加工范围　　图3—20　面铣刀　　图3—21　立铣刀

为了能加工较深的沟槽，并保证有足够的备磨量，立铣刀的轴向长度一般较长。为了改善切屑卷曲情况，增大容屑空间，防止切屑堵塞，立铣刀刀齿数比较少，容屑槽圆弧半径则较大。一般粗齿立铣刀齿数 $z=3\sim4$，细齿立铣刀齿数 $z=5\sim8$，套式结构 $z=10\sim20$，容屑槽圆弧半径 $r=2\sim5$ mm。当立铣刀直径较大时，还可制成不等齿距结构，以增强抗振作用，使切削过程平稳。

标准立铣刀的螺旋角β为40°～45°（粗齿）和30°～35°（细齿），套式结构立铣刀的β为15°～25°。

直径较小的立铣刀一般制成带柄形式。ϕ2～71 mm的立铣刀制成直柄，ϕ6～63 mm的立铣刀制成莫氏锥柄，ϕ25～80 mm的立铣刀做成7∶24锥柄，内有螺孔用来拉紧刀具。由于数控机床要求铣刀能快速自动装卸，故立铣刀柄部形式有很大不同，一般由专业厂家按照一定的规范设计制造成统一形式、统一尺寸的刀柄。直径为ϕ60～160 mm的立铣刀可做成套式结构。

3．键槽铣刀

如图3—22所示，键槽铣刀通常有两个刀齿，圆柱面和端面都有切削刃，端面刃延至中心，既像立铣刀，又像钻头。加工时先轴向进给达到槽深，然后沿键槽方向铣出键槽全长。

按国家标准规定，直柄键槽铣刀直径d=2～22 mm，锥柄键槽铣刀直径d=14～50 mm。键槽铣刀直径的偏差有e8和d8两种，键槽铣刀的圆周切削刃仅在靠近端面的一小段长度内发生磨损，重磨时，只需刃磨端面切削刃，因此重磨后铣刀直径不变。

4．模具铣刀

如图3—23所示，模具铣刀由立铣刀发展而成，可分为圆锥形立铣刀（圆锥半角$\frac{\alpha}{2}$=3°、5°、7°、10°）、圆柱形球头立铣刀和圆锥形球头立铣刀三种，其柄部有直柄、削平型直柄和莫氏锥柄。它的结构特点是球头或端面上布满了切削刃，圆周刃与球头刃圆弧连接，可以作径向和轴向进给。铣刀工作部分用高速钢或硬质合金制造。国家标准规定直径d=4～63 mm。小规格的硬质合金模具铣刀多制成整体结构，而直径在16 mm以上的，制成焊接或机夹可转位刀片结构。

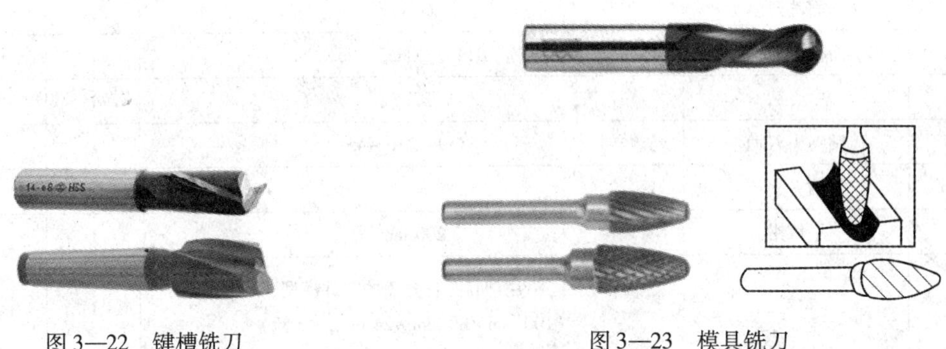

图3—22　键槽铣刀　　　　图3—23　模具铣刀

任务4　铣削圆弧槽

一、工作任务

本次任务是编写如图3—24所示工件的数控铣加工程序并进行加工（槽深为1 mm，毛坯沿用项目三任务3的零件，为100 mm×80 mm×24 mm的45钢）。可用R2 mm的球头铣刀或经修磨后的B2.5中心钻加工。为完成该任务，需要掌握数控铣床/加工中心常用夹具，毛坯的装夹与校正等基础知识。

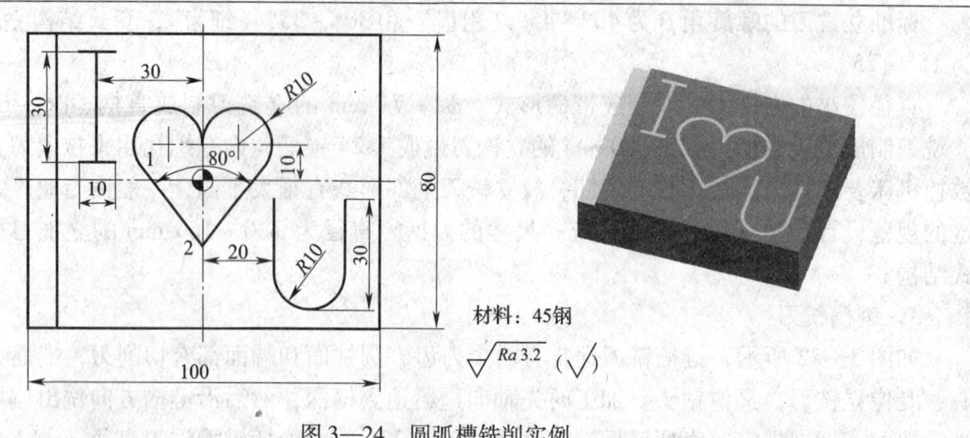

图 3—24　圆弧槽铣削实例

二、任务准备

工具、量具、刀具及材料清单见表 3—7。

表 3—7　　工具、量具、刀具及材料清单

序号	名称	规格	数量	备注
1	游标卡尺	0～150 mm，0.02 mm	1	
2	百分表	0～10 mm，0.01 mm	1	
3	磁性表座		1	
4	面铣刀	ϕ60 mm	1	
5	面铣刀刀柄	BT40－XM32－75	1	
6	中心钻	B2.5	1	
7	钻夹头刀柄	ST50－Z16－45	1	
8	钻夹头		1	
9	平口钳	200 mm	1	
10	材料	沿用项目三任务 3 的零件模型 （100 mm×80 mm×24 mm，45 钢）	1	
11	辅具	锉刀、垫铁、活扳手、压板、螺钉等	1 套	
12	其他	铜棒、铜皮、毛刷、抹布、洗涤剂等常用工具 计算机、计算器、编程用书等		选用

三、任务实施

学习环节	学习过程和内容
新课准备	思考本任务零件的加工工艺。

<table>
<tr>
<td>理论
学习</td>
<td>1. 掌握本次任务的加工工艺设计过程。
◆ 讨论总结：
本次任务加工零件的加工工艺。

2. 掌握工件的装夹技巧。
3. 完成本次任务加工程序的编制。</td>
</tr>
<tr>
<td>实践
操作</td>
<td>完成本任务零件的加工，并填写表 3—8。</td>
</tr>
</table>

表 3—8　　实践过程记录表

加工内容			工件材料		
设备名称		夹具名称		加工起止时间	—
加工步骤	操作过程				
刀具装夹	刀具规格：＿＿＿＿＿ 刀具装夹注意事项：				
工件装夹	毛坯尺寸：＿＿＿＿＿ 工件装夹注意事项：				
程序输入					
对刀及参数设置	画出对刀点位置：　　G54 X＿＿＿＿＿ Y＿＿＿＿＿ Z＿＿＿＿＿				
模拟检验 机床锁住空运行					
检验结果分析					
回零					
倍率开关设置					
自动加工 （1）绘出刀具中心运动轨迹 （2）在图上标出实际切削速度及铣削深度					
测量工具名称及规格					
加工结果分析					
关机					

提示

(1) 在安装前，应先把夹具与工作台的相互接触面、夹具与工件的相互接触面擦干净。

(2) 工件尽量安装在台虎钳正中。进行外轮廓铣削时，不可使工件装夹得太低，以免刀具切到夹具。

(3) 在用百分表校正时，应避免百分表的接触头突然接触和脱离工件。

思考

如果将本次任务球头铣刀的球心设置为刀位点（机床动点），那么程序及G54参数将如何修改才能加工出符合要求的工件？

四、任务测评

先自己检测完成任务的情况，再与同学互检，合格后交指导老师评分，老师签字后方可进行下一任务的实训。

项目与权重	序号	技术要求	配分	评分标准	检测记录			得分
					自测	互测	实测	
实习纪律（20%）	1	准时到达实习场地	5	迟到全扣				
	2	工具齐全	5	不合格全扣				
	3	实习过程专注认真	10	不认真全扣				
程序与工艺（20%）	4	程序格式规范	10	不规范全扣				
	5	程序正确、完整	5	不正确全扣				
	6	加工工艺合理	5	不合理全扣				
加工操作（35%）	7	机床操作熟练	6	不熟练全扣				
	8	坐标系设定正确	6	不正确全扣				
	9	I形状、位置正确	3/3	不正确全扣				
	10	心形形状、位置正确	3/3	不正确全扣				
	11	U形状、位置正确	3/3	不正确全扣				
	12	去毛刺	5	不合格全扣				
安全文明生产（25%）	13	操作规范	10	不规范全扣				
	14	意外情况处理合理	5	不合理全扣				
	15	机床维护与保养	5	不合格全扣				
	16	工作场所整理	5	不合格全扣				

五、拓展练习

用 $R3$ mm 的球头铣刀加工出如图 3—25 所示的文字，文字深 3 mm，试编写其加工程序并进行加工。

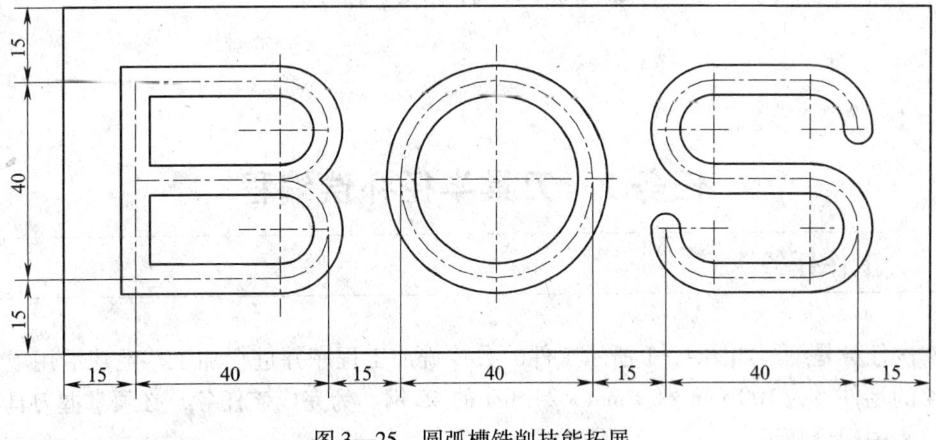

图 3—25　圆弧槽铣削技能拓展

项目四

铣削轮廓类零件

任务1　刀具半径补偿编程

一、工作任务

本次任务是编写如图4—1所示工件的数控铣加工程序并进行加工，毛坯沿用项目三任务4的零件，为100 mm×80 mm×24 mm的45钢。为完成该任务，必须掌握刀具半径补偿的相关理论知识。

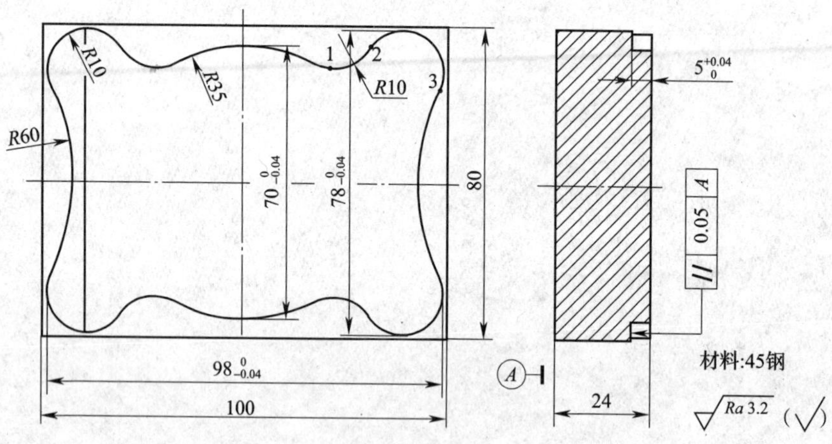

图4—1　外轮廓铣削实例

二、任务准备

工具、量具、刀具及材料清单见表4—1。

表 4—1　　工具、量具、刀具及材料清单

序号	名称	规　　格	数量	备注
1	游标卡尺	0 ~ 150 mm，0.02 mm	1	
2	游标深度尺	0 ~ 200 mm，0.02 mm	1	
3	千分尺	50 ~ 75 mm，75 ~ 100 mm，0.01 mm	各 1	
4	半径样板	*R*5 ~ 15 mm	1	
5	百分表	0 ~ 10 mm，0.01 mm	1	
6	磁性表座		1	
7	立铣刀	ϕ16 mm	1	
8	强力夹头刀柄	BT40 – C22 – 95	1	
9	弹簧夹头	ϕ16 mm	1	
10	平口钳	200 mm	1	
11	材料	沿用项目三任务 4 的零件模型 （100 mm × 80 mm × 24 mm，45 钢）	1	
12	辅具	锉刀、垫铁、活扳手、压板、螺钉等	1 套	
13	其他	铜棒、铜皮、毛刷、抹布、洗涤剂等常用工具 计算机、计算器、编程用书等		选用

三、任务实施

学习环节	学习过程和内容
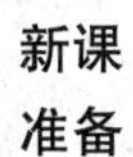 新课准备	思考完成如图 4—2 所示零件的工艺设计和程序编制。已知被加工四方轮廓为 100 mm × 100 mm，深 2 mm，刀具直径为 20 mm。

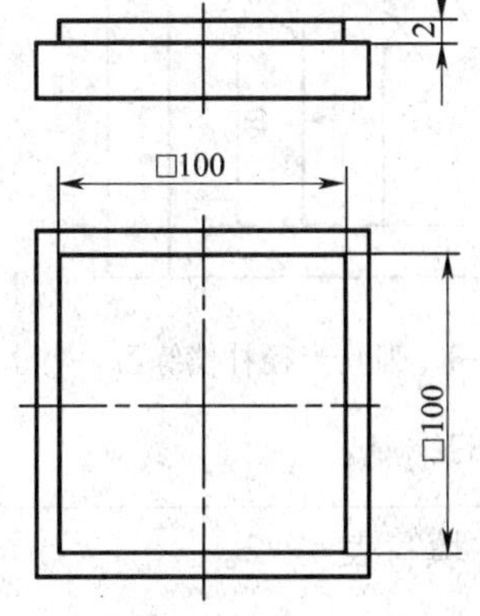

图 4—2　四方外轮廓零件

<table>
<tr>
<td>理论
学习</td>
<td>

1．掌握刀具半径补偿概念。

◆ 判断图 4—3 所示刀具半径补偿方向。

◆ 在图 4—3 上绘制刀具半径补偿过程。

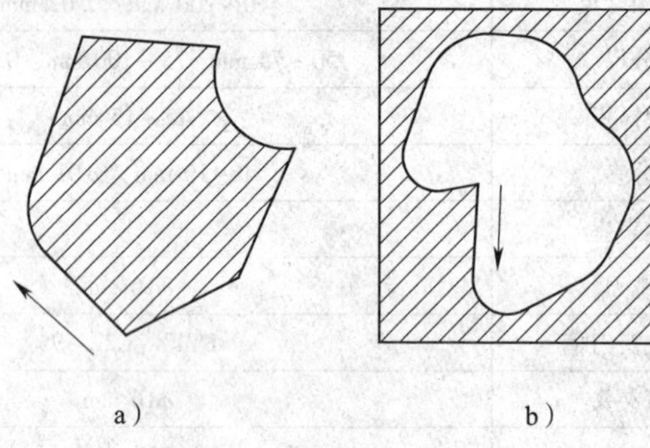

图 4—3　刀具半径补偿

a）外轮廓　b）内轮廓

2．掌握刀具半径补偿应用。

◆ 课堂练习：

采用 ϕ16 mm 的立铣刀精加工如图 4—4 所示工件的外轮廓，材料为 45 钢，试绘制编程原点并编制数控铣加工程序。

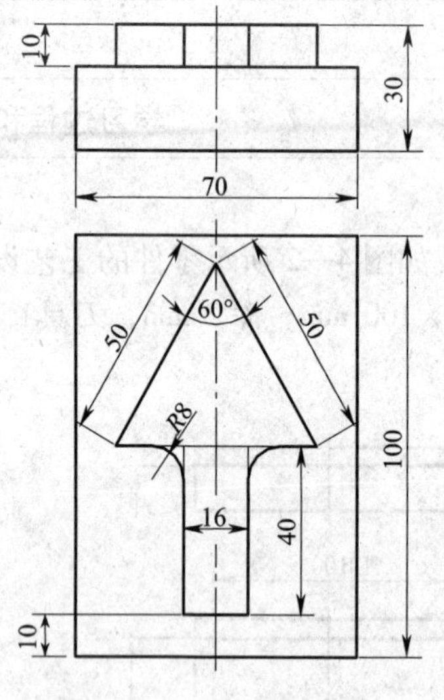

图 4—4　刀具半径补偿练习

3．完成本次任务加工程序的编制。

</td>
</tr>
<tr>
<td>实践
操作</td>
<td>

完成本任务工件的加工，并填写表 4—2。

 **提示**

（1）刀具直径、刀补地址、补偿数值及程序中的刀补号都要一致。

</td>
</tr>
</table>

实践操作

（2）添加切削液时，不要一下子添加太多，否则会导致切削液溢出，造成浪费，污染环境。

（3）在加工前，要调整切削液喷头位置，使切削液直接喷到刀具上，一般喷嘴位于工件上方。

表4—2　　实践过程记录表

<table>
<tr><td colspan="2">加工内容</td><td colspan="2"></td><td>工件材料</td><td colspan="2"></td></tr>
<tr><td colspan="2">设备名称</td><td></td><td>夹具名称</td><td></td><td>加工起止时间</td><td>—</td></tr>
<tr><td colspan="2">加工步骤</td><td colspan="5">操作过程</td></tr>
<tr><td colspan="2">刀具装夹</td><td colspan="5">刀具规格：____________
刀具装夹注意事项：</td></tr>
<tr><td colspan="2">工件装夹</td><td colspan="5">毛坯尺寸：____________
工件装夹注意事项：</td></tr>
<tr><td rowspan="6">粗加工</td><td>程序名</td><td colspan="5"></td></tr>
<tr><td>刀具相应
参数设置</td><td colspan="5">D __
G54 X __ Y __ Z __</td></tr>
<tr><td>模拟检验
结果分析</td><td colspan="5"></td></tr>
<tr><td>加工路线绘制，
并标出切削速度</td><td colspan="5"></td></tr>
<tr><td>测量工具</td><td colspan="5"></td></tr>
<tr><td>分析加工结果</td><td colspan="5"></td></tr>
</table>

续表

<table>
<tr><td rowspan="7">实践操作</td><td rowspan="6">精加工</td><td>程序名</td><td></td></tr>
<tr><td>刀具相应参数设置</td><td>D __
G54 X __ Y __ Z __</td></tr>
<tr><td>模拟检验结果分析</td><td></td></tr>
<tr><td>加工路线绘制，并标出切削速度</td><td></td></tr>
<tr><td>测量工具</td><td></td></tr>
<tr><td>分析加工结果</td><td></td></tr>
<tr><td colspan="3"> 思考
（1）在加工时，先进行粗加工，同时刀补中输入数值为 8.1，粗加工后，测量圆弧尺寸 $70_{-0.04}^{0}$ mm，实测结果为 70.23 mm。请问，若不考虑让刀现象，理论上，在精加工时刀补值设为多少可以使精加工后的工件符合尺寸要求？
（2）仔细观察工件轮廓有无过切、欠切现象，找出原因。</td></tr>
</table>

四、任务测评

先自己检测完成任务的情况，再与同学互检，合格后交指导老师评分，老师签字后方可进行下一任务的实训。

项目与权重	序号	技术要求	配分	评分标准	检测记录			得分
					自测	互测	实测	
实习纪律（15%）	1	准时到达实习场地	5	迟到全扣				
	2	工具齐全	5	不合格全扣				
	3	实习过程专注认真	5	不认真全扣				
程序与工艺（15%）	4	程序格式规范	5	不规范全扣				
	5	程序正确、完整	5	不正确全扣				
	6	加工工艺合理	5	不合理全扣				
加工操作（55%）	7	机床操作熟练	10	不熟练全扣				
	8	坐标系设定正确	5	不正确全扣				
	9	尺寸精度	20	不合格每处扣5分				
	10	位置精度	5	不合格全扣				
	11	圆弧过渡光滑	5	不合格全扣				
	12	表面粗糙度	10	降一级扣5分				
安全文明生产（15%）	13	操作规范	倒扣	酌情倒扣5～30分				
	14	意外情况处理合理	5	不合理全扣				
	15	机床维护与保养	5	不合格全扣				
	16	工作场所整理	5	不合格全扣				

五、拓展练习

1．试在加工中心上完成如图4—5所示工件的编程与加工（已知毛坯尺寸为100 mm×100 mm×30 mm）。

（1）列出选用的刀具规格。

（2）设定工件原点，编写程序。

（3）完成零件的加工及测量。

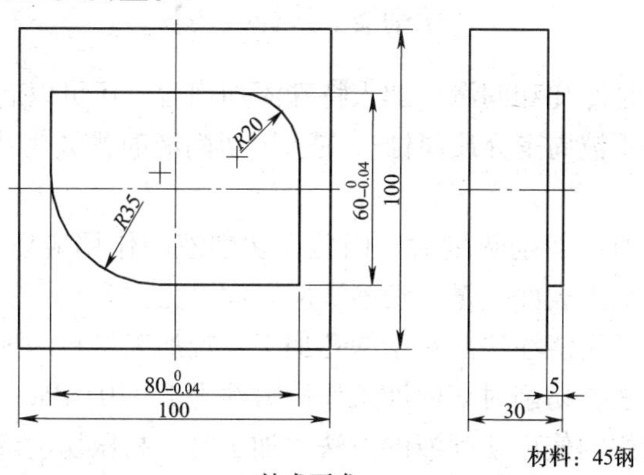

图4—5　刀具半径补偿技能拓展1

2. 试在加工中心上完成如图 4—6 所示工件的编程与加工（已知毛坯尺寸为 100 mm×100 mm×30 mm）。

（1）列出选用的刀具规格。

（2）设定工件原点，编写程序。

（3）完成零件的加工及测量。

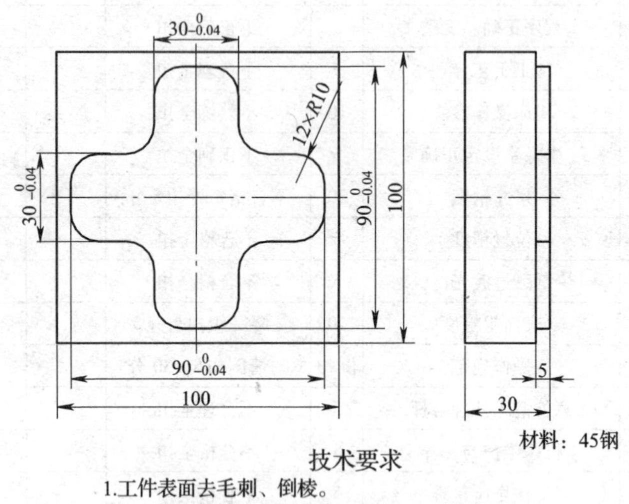

图 4—6　刀具半径补偿技能拓展 2

课后阅读

【切削液的选择技巧】

切削液的主要作用是冷却和润滑，加入特殊添加剂后，还可以起清洗和防锈作用，以保护机床、刀具、工件等不被周围介质腐蚀。在选用切削液时需要考虑加工性质、工件材料、刀具材料。

粗加工或半精加工时，切削热量大，因此，切削液的作用应以冷却散热为主。精加工时，为了获得良好的已加工表面质量，切削液应以润滑为主。

切削液的使用普遍采用浇注法。对于深孔加工、难加工材料的加工以及高速或强力切削加工，应采用高压冷却法。切削时切削液工作压力约为 1～10 MPa，流量为 50～150 L/min。喷雾冷却法也是一种较好的使用切削液的方法，加工时，高压切削液通过喷雾装置雾化，并被高速喷射到切削区。

在数控机床上利用高速钢刀具加工 45 钢材料时一般可采用 F43 切削油作为切削液。

任务 2 刀具长度补偿编程

一、工作任务

本次任务是编写如图 4—7 所示工件的加工中心加工程序并进行加工，毛坯沿用项目四任务 1 的零件，为 100 mm × 80 mm × 24 mm 的 45 钢。为完成该任务，必须掌握刀具长度补偿、内轮廓铣削的进刀方式、自动换刀指令等理论知识。

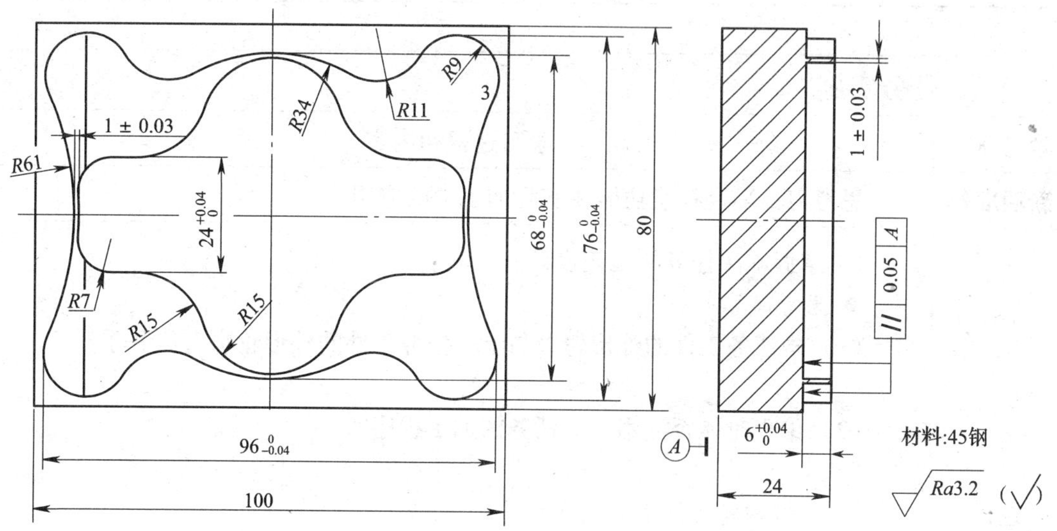

图 4—7 刀具长度补偿实例

二、任务准备

工具、量具、刀具及材料清单见表 4—3。

表 4—3 **工具、量具、刀具及材料清单**

序号	名称	规　格	数量	备注
1	游标卡尺	0 ~ 150 mm，0.02 mm	1	
2	游标深度尺	0 ~ 200 mm，0.02 mm	1	
3	千分尺	50 ~ 75 mm，75 ~ 100 mm，0.01 mm	各 1	
4	内径千分尺	0 ~ 25 mm，0.01 mm	1	
5	半径样板	*R*5 ~ 15 mm	1	
6	百分表	0 ~ 10 mm，0.01 mm	1	
7	磁性表座		1	
8	立铣刀	ϕ16 mm，ϕ12 mm	各 1	
9	强力夹头刀柄	BT40 – C22 – 95	1	

续表

序号	名称	规格	数量	备注
10	弹簧夹头	ϕ16 mm，ϕ12 mm	各 1	
11	平口钳	200 mm	1	
12	材料	沿用项目四任务 1 的零件模型	1	
13	辅具	锉刀、垫铁、活扳手、压板、螺钉等	1 套	
14	其他	铜棒、铜皮、毛刷、抹布、洗涤剂等常用工具		选用
		计算机、计算器、编程用书等		

三、任务实施

学习环节	学习过程和内容
新课准备	思考刀具半径补偿功能在实际加工中的应用。
理论学习	1. 掌握本次任务的工艺设计。 ◆ 思考回答： （1）本任务工件的外形轮廓与上一任务工件的外形轮廓有何联系？ （2）编程时能否沿用上一任务的加工程序？ 2. 掌握内轮廓加工时的 Z 向进刀方式。 3. 掌握刀具长度补偿功能。 ◆ 思考回答： 假定用刀具长度补偿功能对工件坐标系 Z 向零点偏置值进行设定，若 2 号刀比 1 号刀短 50 mm，2 号刀具长度补偿存储器中的值为“ -50”，则 1 号刀具长度补偿存储器中的值为多少？ 4. 完成本次任务加工程序的编制。
实践操作	完成本任务工件的加工，并填写表 4—4。 **提示** 刀补地址、补偿数值及程序中的刀补号要一致；仔细观察加工状态（切削声音、机床振动、切屑状态），判断加工是否正常。

表 4—4　　实践过程记录表

加工内容			工件材料		
设备名称		夹具名称		加工起止时间	—

续表

<table>
<tr><td rowspan="10">实践操作</td><td colspan="2">加工步骤</td><td>操作过程</td></tr>
<tr><td colspan="2">刀具装夹</td><td>刀具规格：____________
刀具装夹注意事项：</td></tr>
<tr><td colspan="2">工件装夹</td><td>毛坯尺寸：____________
工件装夹注意事项：</td></tr>
<tr><td rowspan="7">粗加工</td><td>程序名</td><td></td></tr>
<tr><td>刀具相应参数设置</td><td>T __ D __ __ H __ __ T __ D __ __ H __ __
G54 X __ Y __ Z __</td></tr>
<tr><td>模拟检验结果分析</td><td></td></tr>
<tr><td>加工路线绘制，并标出切削速度</td><td></td></tr>
<tr><td>测量工具</td><td></td></tr>
<tr><td>分析加工结果</td><td></td></tr>
</table>

续表

<table>
<tr><td rowspan="7">实践
操作</td><td rowspan="6">精加工</td><td>程序名</td><td></td></tr>
<tr><td>刀具相应
参数设置</td><td>T＿D＿＿H＿＿T＿D＿＿H＿＿
G54 X＿Y＿Z＿</td></tr>
<tr><td>模拟检验
结果分析</td><td></td></tr>
<tr><td>加工路线绘制，
并标出切削速度</td><td></td></tr>
<tr><td>测量工具</td><td></td></tr>
<tr><td>分析加工结果</td><td></td></tr>
<tr><td colspan="3">思考
（1）如何降低底平面的表面粗糙度值和提高尺寸精度？
（2）若此任务分单件加工与批量加工两种情况，请问单件加工与批量加工的加工过程和加工程序有区别吗？</td></tr>
</table>

四、任务测评

先自己检测完成任务的情况，再与同学互检，合格后交指导老师评分，老师签字后方可进行下一任务的实训。

项目与权重	序号	技术要求	配分	评分标准	检测记录			得分
					自测	互测	实测	
实习纪律（15%）	1	准时到达实习场地	5	迟到全扣				
	2	工具齐全	5	不合格全扣				
	3	实习过程专注认真	5	不认真全扣				
程序与工艺（15%）	4	程序格式规范	5	不规范全扣				
	5	程序正确、完整	5	不正确全扣				
	6	加工工艺合理	5	不合理全扣				
加工操作（55%）	7	机床操作熟练	10	不熟练全扣				
	8	坐标系设定正确	5	不正确全扣				
	9	尺寸精度	20	不合格每处扣5分				
	10	位置精度	5	不合格全扣				
	11	圆弧过渡光滑	5	不合格全扣				
	12	表面粗糙度	10	降一级扣5分				
安全文明生产（15%）	13	操作规范	倒扣	酌情倒扣5～30分				
	14	意外情况处理合理	5	不合理全扣				
	15	机床维护与保养	5	不合格全扣				
	16	工作场所整理	5	不合格全扣				

五、拓展练习

1. 试在加工中心上完成如图4—8所示工件的编程与加工（已知毛坯尺寸为100 mm×100 mm×30 mm）。

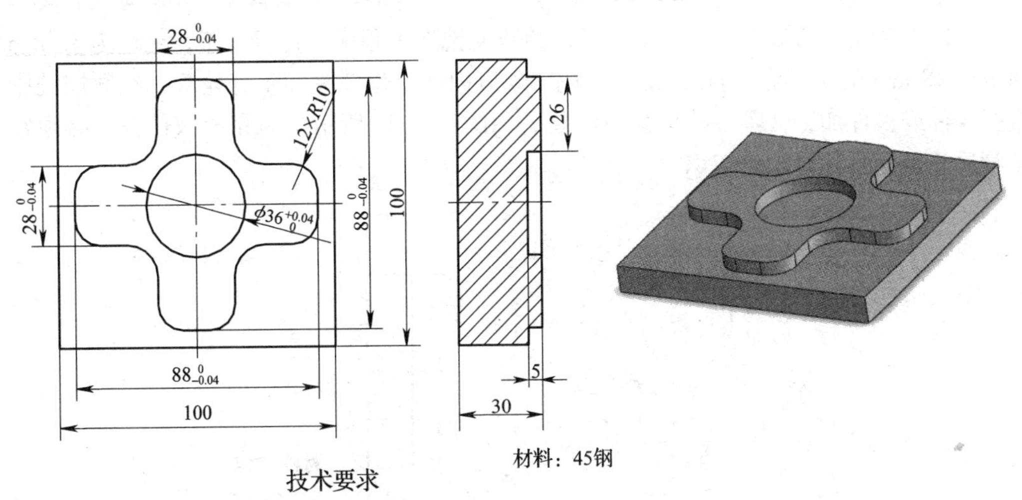

图4—8　刀具长度补偿技能拓展1

（1）列出选用的刀具规格。

（2）设定工件原点，编写程序。

（3）完成零件的加工及测量。

2. 试在加工中心上完成如图 4—9 所示工件的编程与加工（已知毛坯尺寸为 ϕ80 mm × 30 mm）。

（1）列出选用的刀具规格。

（2）设定工件的原点，编写程序。

（3）完成零件的加工及测量。

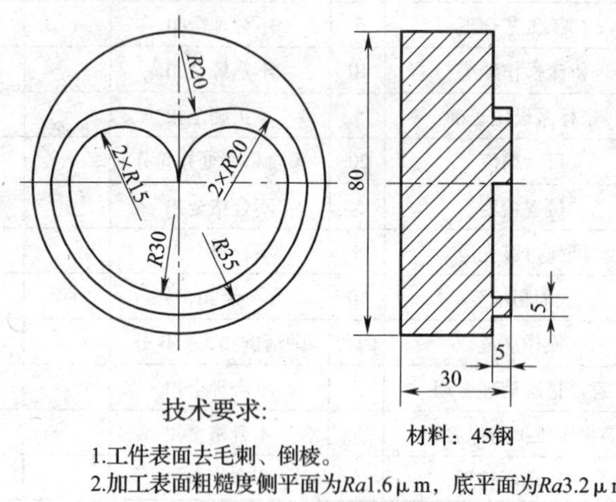

技术要求:

1.工件表面去毛刺、倒棱。

2.加工表面粗糙度侧平面为Ra1.6 μ m，底平面为Ra3.2 μ m。

图 4—9　刀具长度补偿技能拓展 2

任务 3　子程序与坐标平移编程

一、工作任务

本次任务是编写如图 4—10 所示工件的数控铣加工程序并进行加工，毛坯为 50 mm × 48 mm × 8 mm 的 45 钢，内孔已加工完成，现以内孔定位装夹加工外轮廓，在数控铣床上进行 4 件或多件加工，零件在夹具中的装夹如图 4—10c 所示。为完成该任务，必须掌握子程序、坐标平移等理论知识。

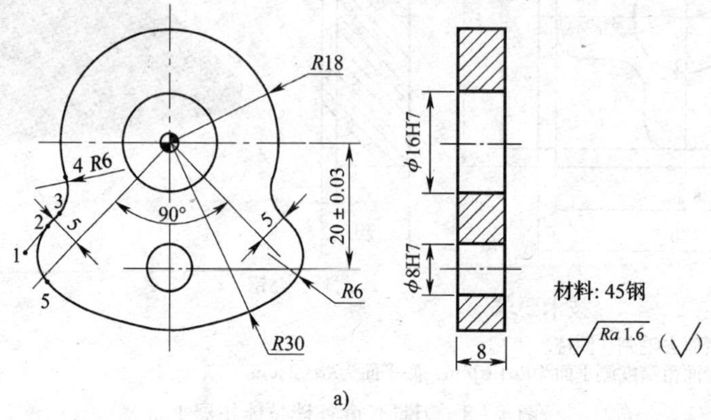

a)

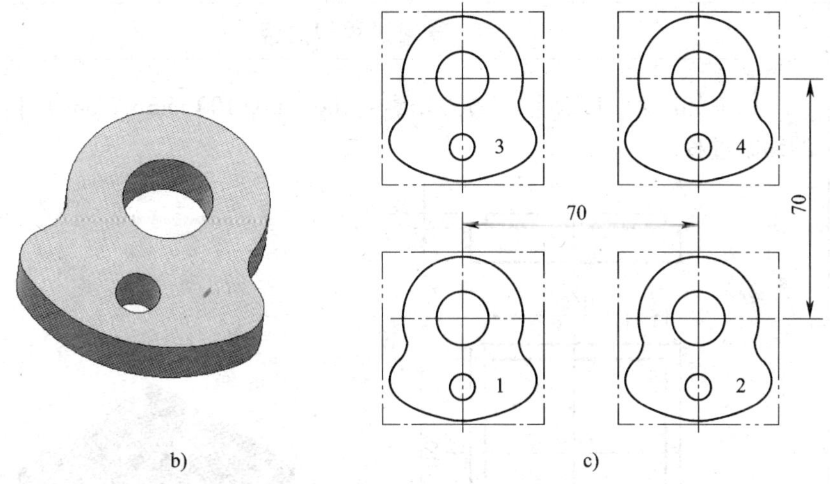

图 4—10　子程序及坐标平移编程实例

a）零件图　b）零件实体图　c）零件在夹具中的装夹示意图

二、任务准备

工具、量具、刀具及材料清单见表 4—5。

表 4—5　　工具、量具、刀具及材料清单

序号	名称	规　格	数量	备注
1	游标卡尺	0 ~ 150 mm，0.02 mm	1	
2	万能量角器	0 ~ 320°，2′	1	
3	半径样板	R5 ~ 30 mm	1	
4	百分表	0 ~ 10 mm，0.01 mm	1	
5	磁性表座		1	
6	立铣刀	ϕ16 mm	1	
7	强力夹头刀柄	BT40 – C22 – 95	1	
8	弹簧夹头	ϕ16 mm	1	
9	平口钳	200 mm	1	
10	材料	50 mm × 48 mm × 8 mm，45 钢	4	
11	辅具	锉刀、垫铁、活扳手、压板、螺钉等	1 套	
12	其他	铜棒、铜皮、毛刷、抹布、洗涤剂等常用工具		选用
		计算机、计算器、编程用书等		

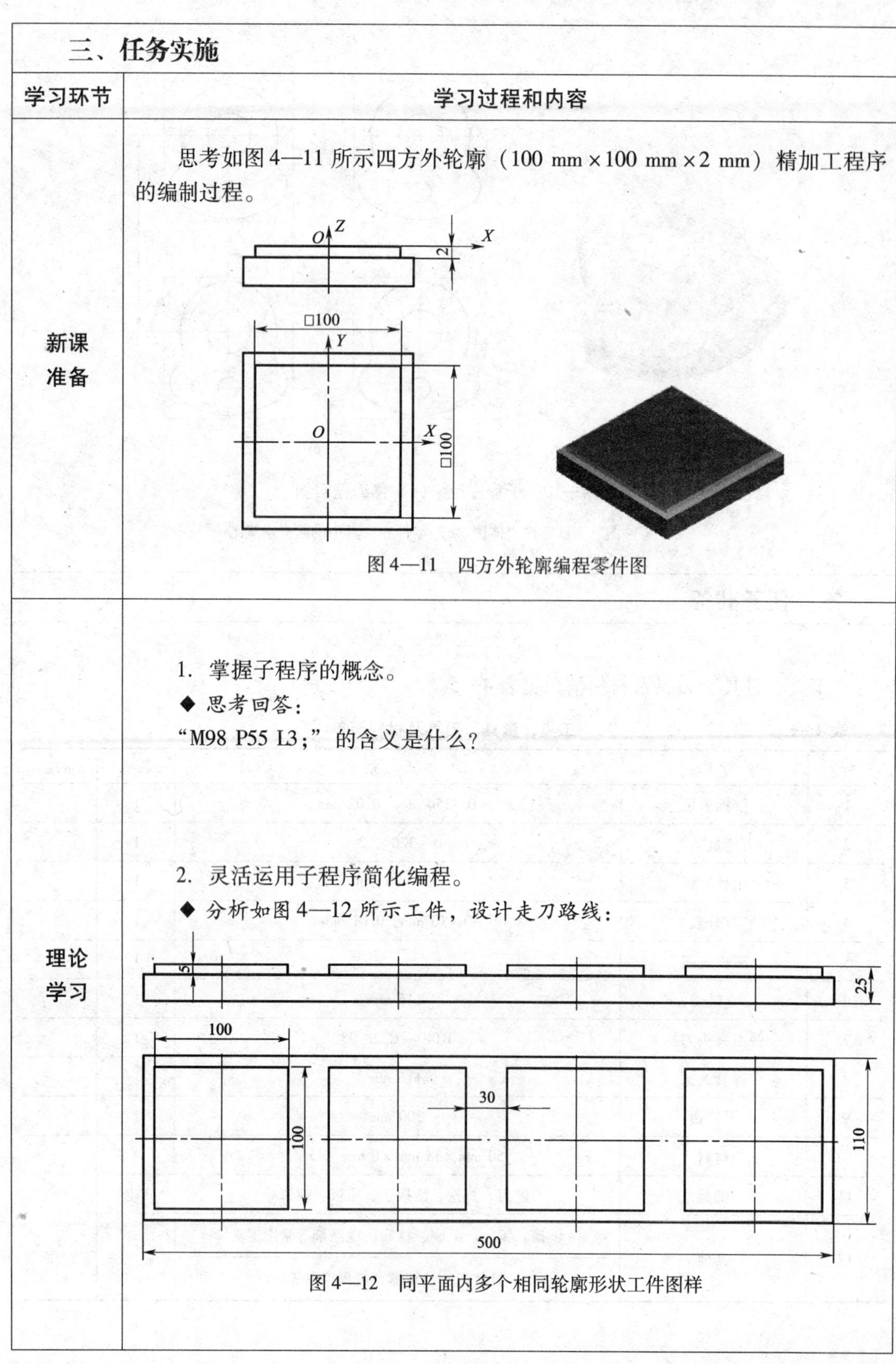

三、任务实施

学习环节	学习过程和内容
新课准备	思考如图 4—11 所示四方外轮廓（100 mm × 100 mm × 2 mm）精加工程序的编制过程。 图 4—11　四方外轮廓编程零件图
理论学习	1. 掌握子程序的概念。 ◆ 思考回答： “M98 P55 L3;” 的含义是什么？ 2. 灵活运用子程序简化编程。 ◆ 分析如图 4—12 所示工件，设计走刀路线： 图 4—12　同平面内多个相同轮廓形状工件图样

<table>
<tr>
<td>理论
学习</td>
<td>

（1）掌握坐标平移（局部坐标）功能。

（2）利用子程序完成程序编制。

◆ 思考回答：

若要在加工中心上完成如图 4—13 所示工件的粗加工（已知毛坯尺寸为 ϕ50 mm × 40 mm），考虑采用 ϕ20 mm 与 ϕ12 mm 刀具分别进行加工的加工路线。

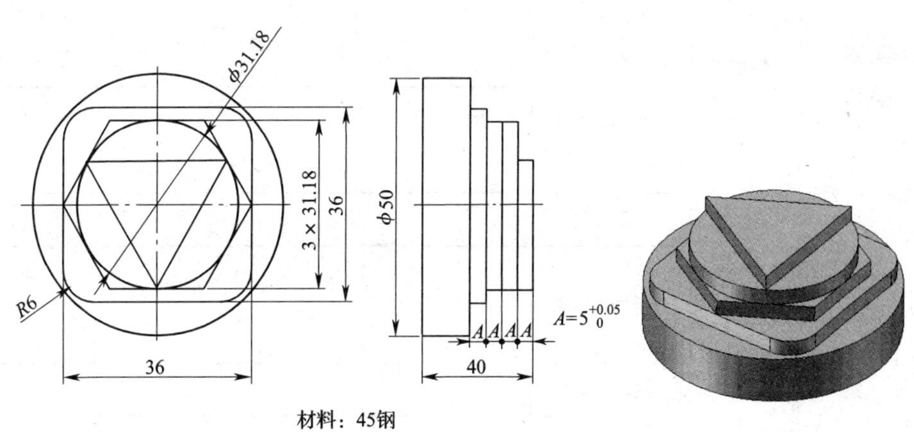

材料：45钢

图 4—13　四方外轮廓编程零件图

3．完成本次任务加工程序的编制。

</td>
</tr>
<tr>
<td>实践
操作</td>
<td>

完成本任务工件的加工，并填写表 4—6。

提示

仔细观察加工时刀具的走刀路线，特别是在单个轮廓加工即将完成、下个轮廓加工开始时，判断加工状态是否正常。

</td>
</tr>
</table>

<table>
<tr><td rowspan="20">实践操作</td><td colspan="6">表 4—6　　实践过程记录表</td></tr>
<tr><td colspan="2">加工内容</td><td colspan="2"></td><td>工件材料</td><td></td></tr>
<tr><td colspan="2">设备名称</td><td></td><td>夹具名称</td><td></td><td>加工起止时间　—</td></tr>
<tr><td colspan="2">加工步骤</td><td colspan="4">操作过程</td></tr>
<tr><td colspan="2">刀具装夹</td><td colspan="4">刀具规格：________
刀具装夹注意事项：</td></tr>
<tr><td colspan="2">工件装夹</td><td colspan="4">毛坯尺寸：________
工件装夹注意事项：</td></tr>
<tr><td rowspan="7">粗加工</td><td>程序名</td><td colspan="4"></td></tr>
<tr><td>刀具相应参数设置</td><td colspan="4">D __
G54 X __ Y __ Z __</td></tr>
<tr><td>模拟检验结果分析</td><td colspan="4"></td></tr>
<tr><td>加工路线绘制，并标出切削速度</td><td colspan="4"></td></tr>
<tr><td>测量工具</td><td colspan="4"></td></tr>
<tr><td>分析加工结果</td><td colspan="4"></td></tr>
<tr><td>程序名</td><td colspan="4"></td></tr>
<tr><td rowspan="7">精加工</td><td>刀具相应参数设置</td><td colspan="4">D __
G54 X __ Y __ Z __</td></tr>
<tr><td>模拟检验结果分析</td><td colspan="4"></td></tr>
<tr><td>加工路线绘制，并标出切削速度</td><td colspan="4"></td></tr>
<tr><td>测量工具</td><td colspan="4"></td></tr>
<tr><td>分析加工结果</td><td colspan="4"></td></tr>
</table>

实践操作	 **思考** 如果不利用 G52 指令功能，可以完成这个任务的程序编制吗？如果可以，应如何编制程序？

四、任务测评

先自己检测完成任务的情况，再与同学互检，合格后交指导老师评分，老师签字后方可进行下一任务的实训。

项目与权重	序号	技术要求	配分	评分标准	检测记录			得分
					自测	互测	实测	
实习纪律（15%）	1	准时到达实习场地	5	迟到全扣				
	2	工具齐全	5	不合格全扣				
	3	实习过程专注认真	5	不认真全扣				
程序与工艺（15%）	4	程序格式规范	5	不规范全扣				
	5	程序正确、完整	5	不正确全扣				
	6	加工工艺合理	5	不合理全扣				
加工操作（55%）	7	机床操作熟练	10	不熟练全扣				
	8	坐标系设定正确	5	不正确全扣				
	9	单件轮廓正确	20	不合格每处扣 5 分				
	10	相对位置正确	5	不合理全扣				
	11	圆弧过渡光滑	5	不合格全扣				
	12	表面粗糙度	10	降一级扣 5 分				
安全文明生产（15%）	13	操作规范	倒扣	酌情倒扣 5 ~ 30 分				
	14	意外情况处理合理	5	不合理全扣				
	15	机床维护与保养	5	不合格全扣				
	16	工作场所整理	5	不合格全扣				

五、拓展练习

1. 试在加工中心上完成如图 4—14 所示工件的编程与加工（已知毛坯尺寸为 160 mm × 50 mm × 30 mm）。

（1）列出选用的刀具规格。

（2）设定工件原点，编写程序。

（3）完成零件的加工及测量。

2. 试在加工中心上完成如图 4—15 所示工件的编程与加工（已知毛坯尺寸为 ϕ56 mm × 40 mm）。

（1）设定合理的加工方案。

（2）列出选用的刀具规格。

（3）设定工件原点，编写程序。

（4）完成零件的加工及测量。

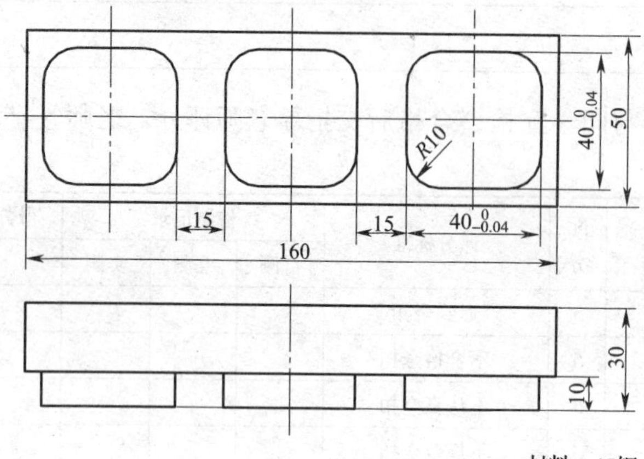

材料：45钢

技术要求

1.工件表面去毛刺、倒棱。

2.加工表面粗糙度侧平面为$Ra1.6\mu m$，底平面为$Ra3.2\mu m$。

图 4—14　子程序技能拓展 1

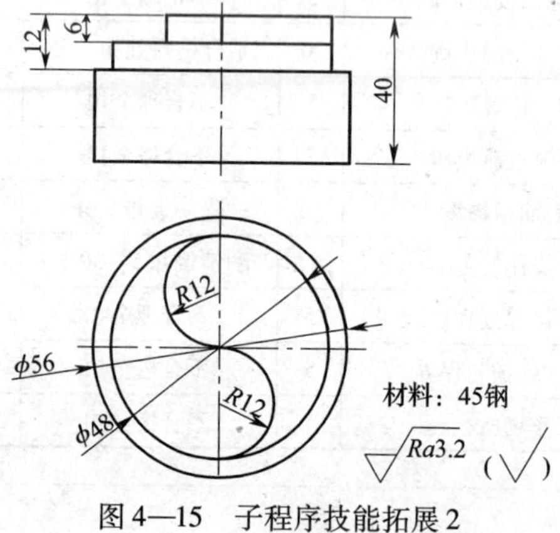

图 4—15　子程序技能拓展 2

课后阅读

【顺铣和逆铣的选择】

采用顺铣时，首先要求机床具有间隙消除机构，能可靠地消除工作台进给丝杠与螺母间的间隙，以防止铣削过程中产生振动。如果工作台是液压驱动的则最为理想。其次，要求工件毛坯表面没有硬皮，工艺系统要有足够的刚度。如果以上条件能够满足，则应尽量采用顺铣，特别是对难加工材料的铣削，采用顺铣可以减少切削变形，降低切削力和切削功率。

零件粗加工时，通常采用逆铣的切削加工方式，因为逆铣时，刀具从已加工表面切入，不会崩刃，且机床的传动间隙不会引起振动和爬行。精加工时，为防止“过切”，通常采用顺铣的加工方式。

在数控机床上进行轮廓铣削加工时，判断顺铣和逆铣加工较为简便的方法是：不管是内轮廓还是外轮廓加工，采用刀具半径左补偿编程铣削的加工方式为顺铣，而采用刀具半径右补偿编程铣削的加工方式为逆铣。采用盘铣刀加工平面轮廓，当刀具的切削宽度大于刀具直径的50%时，切削过程既存在顺铣，又存在逆铣。

在数控铣床或加工中心上进行铣削加工时，由于数控机床普遍具有消隙机构，传动机构的反向间隙较小，而且数控机床大多用于零件精加工。因此，数控铣削时通常采用顺铣的加工方式（即轮廓加工时采用刀具半径左补偿进行编程）。

任务4　轮廓铣削综合加工实例

一、工作任务

本次任务是编写如图4—16所示工件的加工中心加工程序并进行加工，毛坯为100 mm×80 mm×18 mm的45钢。为完成该任务，需要掌握外轮廓测量常用量具、数控加工过程中误差产生的原因、精加工余量的确定方法、数控编程过程中的基点确定方法等理论知识。

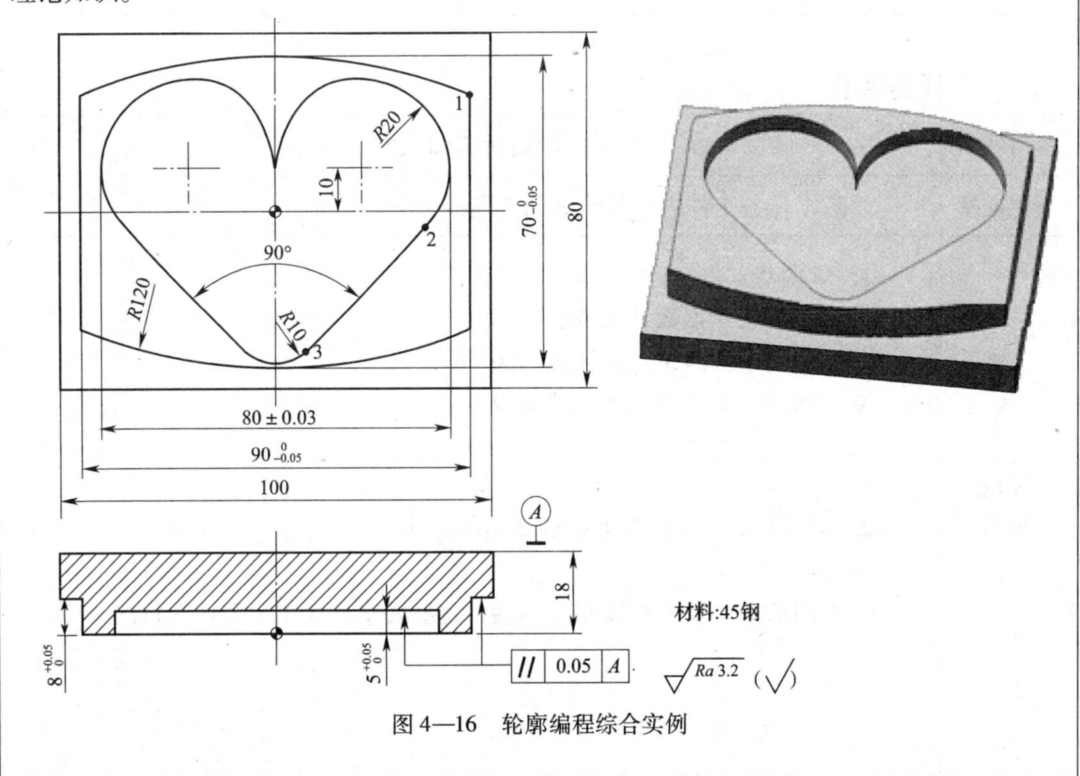

图4—16　轮廓编程综合实例

二、任务准备

工具、量具、刀具及材料清单见表 4—7。

表 4—7　　工具、量具、刀具及材料清单

序号	名称	规格	数量	备注
1	游标卡尺	0 ~ 150 mm，0. 02 mm	1	
2	游标深度尺	0 ~ 200 mm，0. 02 mm		
3	千分尺	50 ~ 75 mm，75 ~ 100 mm，0. 01 mm	各 1	
4	万能量角器	0 ~ 320°，2′		
5	半径样板	R10 ~ 25 mm		
6	百分表	0 ~ 10 mm，0. 01 mm	1	
7	磁性表座		1	
8	立铣刀	ϕ16 mm	1	
9	强力夹头刀柄	BT40 – C22 – 95	1	
10	弹簧夹头	ϕ16 mm	1	
11	平口钳	200 mm	1	
12	材料	沿用项目四任务 2 的零件模型，45 钢	1	
13	辅具	锉刀、垫铁、活扳手、压板、螺钉等	1 套	
14	其他	铜棒、铜皮、毛刷、抹布、洗涤剂等常用工具		选用
		计算机、计算器、编程用书等		

三、任务实施

学习环节	学习过程和内容
新课准备	思考本任务工件内、外轮廓加工路线。
理论学习	1．掌握基点坐标计算方法。 （1）掌握三角函数计算方法。 （2）掌握平面解析几何计算方法。 ◆ 完成本次任务的轮廓基点计算。 2．掌握控制加工精度及表面质量的方法。 ◆ 思考回答： 零件的加工（技术）要求有哪些？这些要求的提出出于什么目的？

	3. 掌握零件加工路线的设计方法。 ◆ 设计本次任务加工零件的加工路线。 4. 完成本次任务零件的加工编程。

实践操作

完成本任务工件的加工，并填写表4—8。

表4—8　　实践过程记录表

<table>
<tr><td colspan="2">加工内容</td><td colspan="2"></td><td>工件材料</td><td colspan="2"></td></tr>
<tr><td colspan="2">设备名称</td><td></td><td>夹具名称</td><td></td><td>加工起止时间</td><td>—</td></tr>
<tr><td colspan="2">加工步骤</td><td colspan="5">操作过程</td></tr>
<tr><td colspan="2">刀具装夹</td><td colspan="5">刀具规格：___________
刀具装夹注意事项：</td></tr>
<tr><td colspan="2">工件装夹</td><td colspan="5">毛坯尺寸：___________
工件装夹注意事项：</td></tr>
<tr><td rowspan="6">粗加工</td><td>程序名</td><td colspan="5"></td></tr>
<tr><td>刀具相应
参数设置</td><td colspan="5">D __
G54 X __ Y __ Z __</td></tr>
<tr><td>模拟检验
结果分析</td><td colspan="5"></td></tr>
<tr><td>加工路线绘制，
并标出切削速度</td><td colspan="5"></td></tr>
<tr><td>测量工具</td><td colspan="5"></td></tr>
<tr><td>分析加工结果</td><td colspan="5"></td></tr>
<tr><td rowspan="6">精加工</td><td>程序名</td><td colspan="5"></td></tr>
<tr><td>刀具相应
参数设置</td><td colspan="5">D __
G54 X __ Y __ Z __</td></tr>
<tr><td>模拟检验
结果分析</td><td colspan="5"></td></tr>
<tr><td>加工路线绘制，
并标出切削速度</td><td colspan="5"></td></tr>
<tr><td>测量工具</td><td colspan="5"></td></tr>
<tr><td>分析加工结果</td><td colspan="5"></td></tr>
</table>

思考

(1) 如果在加工时，台虎钳水平方向没有校正，会影响该任务所加工零件哪些方面的加工精度?

(2) 仔细观察轮廓侧面有无刀痕，若有，请找出原因。

(3) 同一把刀具，同样的加工工艺，同样的切削参数，在同一台机床上加工的零件质量都一样吗?

四、任务测评

先自己检测完成任务的情况，再与同学互检，合格后交指导老师评分，老师签字后方可进行下一任务的实训。

项目与权重	序号	技术要求	配分	评分标准	检测记录			得分
					自测	互测	实测	
实习纪律（15%）	1	准时到达实习场地	5	迟到全扣				
	2	工具齐全	5	不合格全扣				
	3	实习过程专注认真	5	不认真全扣				
程序与工艺（15%）	4	程序格式规范	5	不规范全扣				
	5	程序正确、完整	5	不正确全扣				
	6	加工工艺合理	5	不合理全扣				
加工操作（55%）	7	机床操作熟练	5	不熟练全扣				
	8	坐标系设定正确	5	不正确全扣				
	9	尺寸精度	20	不合格每处扣5分				
	10	位置精度	10	不合格每处扣5分				
	11	圆弧过渡光滑	5	不合格全扣				
	12	表面粗糙度	10	降一级扣5分				
安全文明生产（15%）	13	操作规范	倒扣	酌情倒扣5~30分				
	14	意外情况处理合理	5	不合理全扣				
	15	机床维护与保养	5	不合格全扣				
	16	工作场所整理	5	不合格全扣				

五、拓展练习

1. 试在加工中心上完成如图 4—17 所示工件的编程与加工（已知毛坯尺寸为 80 mm×80 mm×30 mm）。

（1）列出选用的刀具规格。

（2）设定工件原点，编写程序。

（3）完成零件的加工及测量。

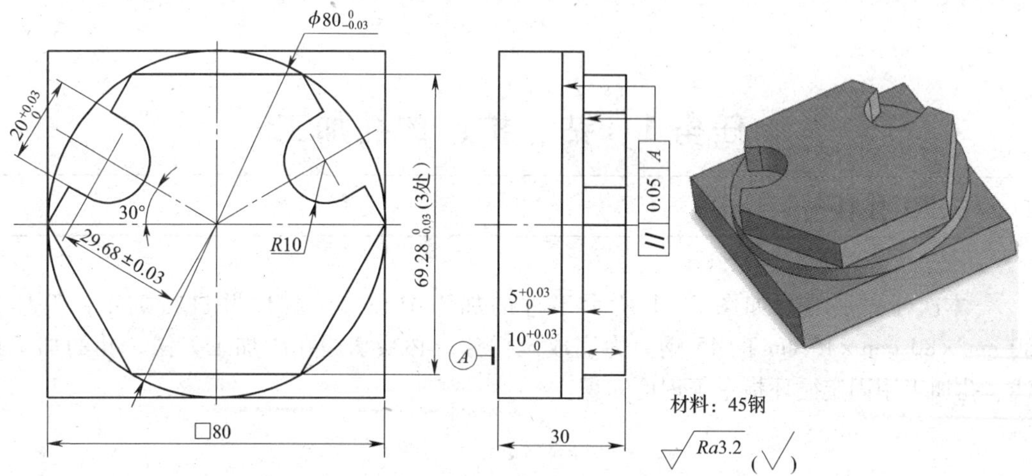

图 4—17　轮廓综合铣削技能拓展 1

2. 试在加工中心上完成如图 4—18 所示工件的编程与加工（已知毛坯尺寸为 75 mm×75 mm×20 mm）。

（1）列出选用的刀具规格。

（2）设定工件原点，编写程序。

（3）完成零件的加工及测量。

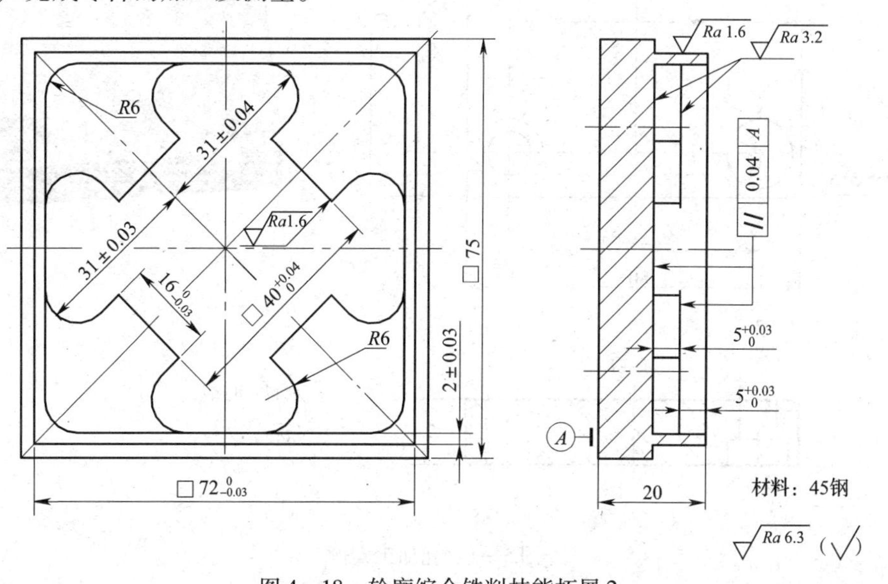

图 4—18　轮廓综合铣削技能拓展 2

项 目 五

铣削孔类零件

任务1　钻、扩、锪孔加工

一、工作任务

本次任务是编写如图 5—1 所示工件的加工中心加工程序并进行加工，毛坯为 80 mm×80 mm×15 mm 的 45 钢。为完成该任务，必须掌握孔的加工方法、孔的加工路线、孔加工用固定循环指令等理论知识。

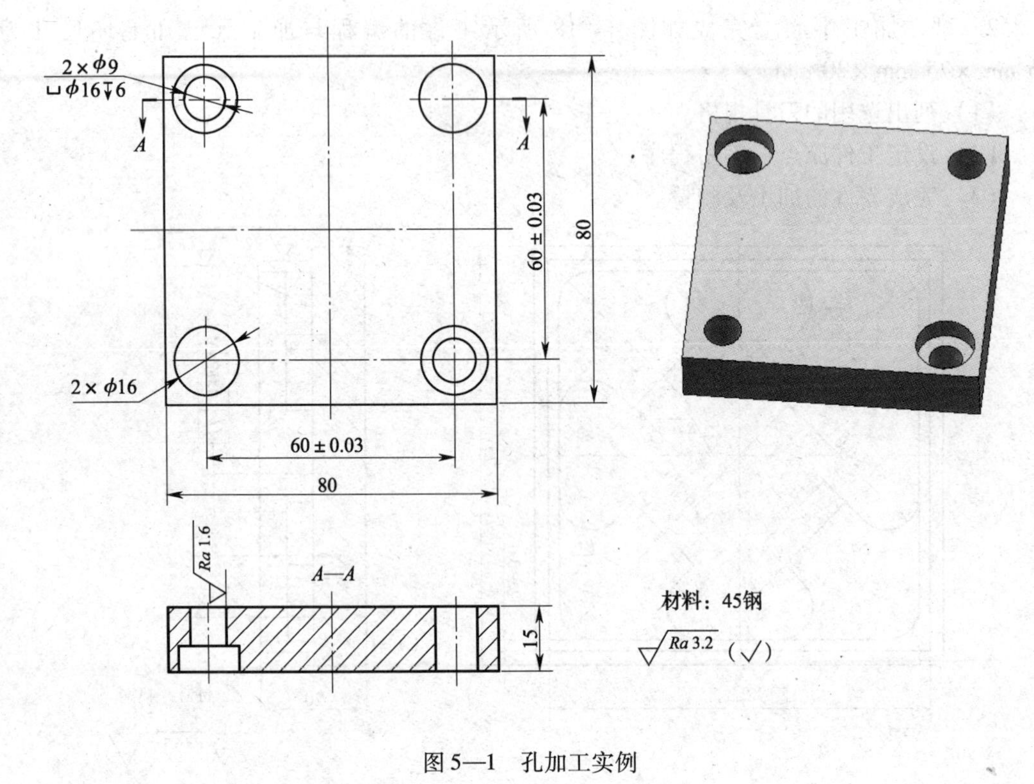

图 5—1　孔加工实例

二、任务准备

工具、量具、刀具及材料清单见表5—1。

表5—1　　工具、量具、刀具及材料清单

序号	名称	规　格	数量	备注
1	游标卡尺	0～150 mm，0.02 mm	1	
2	千分尺	50～75 mm，0.01 mm	1	
3	百分表	0～10 mm，0.01 mm	1	
4	磁性表座		1	
5	中心钻	A2.5	1	
6	钻头	ϕ9 mm	1	
7	扩孔钻	ϕ16 mm	1	
8	钻夹头刀柄	ST50－Z16－45	1	
9	钻夹头		1	
10	立铣刀	ϕ16 mm	1	
11	强力夹头刀柄	BT40－C22－95	1	
12	弹簧夹头	ϕ16 mm	1	
13	平口钳	200 mm	1	
14	材料	80 mm×80 mm×15 mm，45钢	1	
15	辅具	锉刀、垫铁、活扳手、压板、螺钉等	1套	
16	其他	铜棒、铜皮、毛刷、抹布、洗涤剂等常用工具		选用
		计算机、计算器、编程用书等		

三、任务实施

学习环节	学习过程和内容
新课准备	思考完成孔加工（例如，钻孔加工）的动作有哪些？
理论学习	1. 掌握孔加工固定循环动作过程。 2. 掌握孔加工固定循环指令G80、G81、G82、G73、G83的使用。 ◆ 分析本次加工任务，根据加工要求，完成孔加工方法与孔加工指令的选择。 3. 掌握钻孔加工工艺设计。

理论学习

◆ 在图 5—2 中绘出孔加工的最短进给路线。

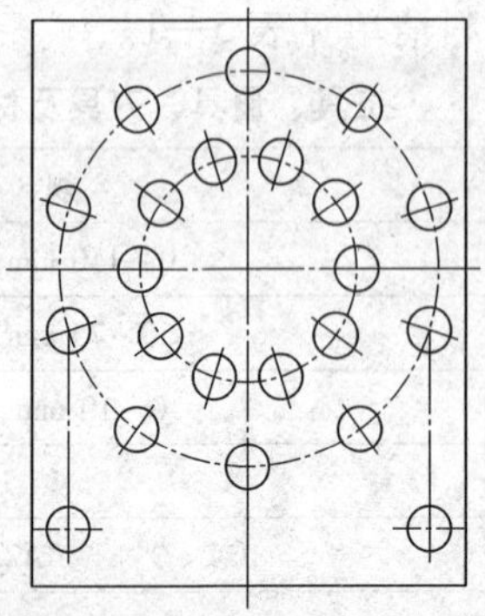

图 5—2　钻孔进给路线图

◆ 分析本次加工任务，根据加工要求设计合适的孔加工路线。

4. 完成本次任务加工程序的编制。

实践操作

完成本任务工件的加工，并填写表 5—2。

表 5—2　　实践过程记录表

加工内容			工件材料		
设备名称		夹具名称		加工起止时间	—
加工步骤	操作过程				
刀具装夹					
工件装夹					
加工工步					
加工程序					
刀具相应参数设置					
模拟检验结果分析					
加工路线绘制，并标出切削速度					
测量工具					
分析加工结果					

提示

安装刀具时，注意刀具装入刀库的位置应与程序中的刀具号一致，且相应参数设置也要一致；装夹工件时，要校正工件在夹具中的位置，并且将垫铁放在合适的位置，避免孔加工时加工到垫铁。

四、任务测评

先自己检测完成任务的情况，再与同学互检，合格后交指导老师评分，老师签字后方可进行下一任务的实训。

项目与权重	序号	技术要求	配分	评分标准	检测记录			得分
					自测	互测	实测	
程序与工艺（25%）	1	程序格式规范	10	不规范全扣				
	2	程序正确、完整	5	不正确全扣				
	3	加工工艺合理	10	不合理全扣				
加工操作（55%）	4	孔径 ϕ9 mm	5×2	不合格全扣				
	5	通孔 ϕ16 mm	5×2	不合格全扣				
	6	沉孔 ϕ16 mm	5×2	不合格全扣				
	7	孔距（60±0.03）mm	4×2	不合格全扣				
	8	孔深 6 mm	3×2	不合格全扣				
	9	Ra1.6 μm	3×2	降一级扣 2 分				
	10	Ra3.2μm	5	降一级扣 3 分				
安全文明生产（20%）	11	操作规范	倒扣	酌情倒扣 5～30 分				
	12	意外情况处理合理	5	不合理全扣				
	13	机床维护与保养	10	不合格全扣				
	14	工作场所整理	5	不合格全扣				

五、拓展练习

1. 试在加工中心上完成如图 5—3 所示工件的编程与加工（已知毛坯尺寸为 100 mm×100 mm×22 mm）。

（1）列出选用的刀具规格。

（2）设定工件原点，编写程序。

（3）完成零件的加工及测量。

2. 试在加工中心上完成如图 5—4 所示工件的编程与加工（已知毛坯尺寸为 100 mm×80 mm×20 mm）。

（1）列出选用的刀具规格。

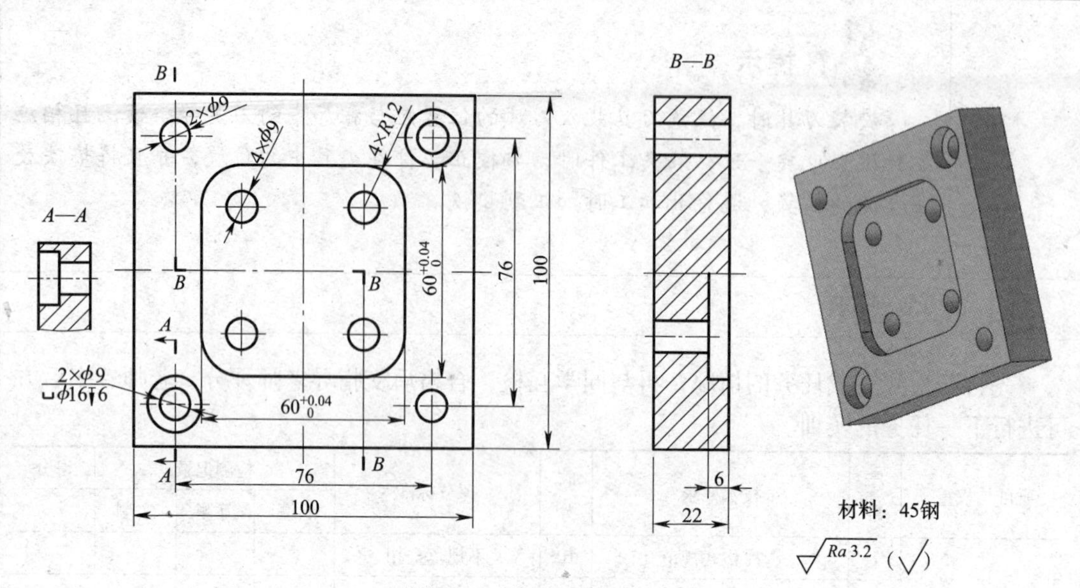

图 5—3　钻孔技能拓展 1

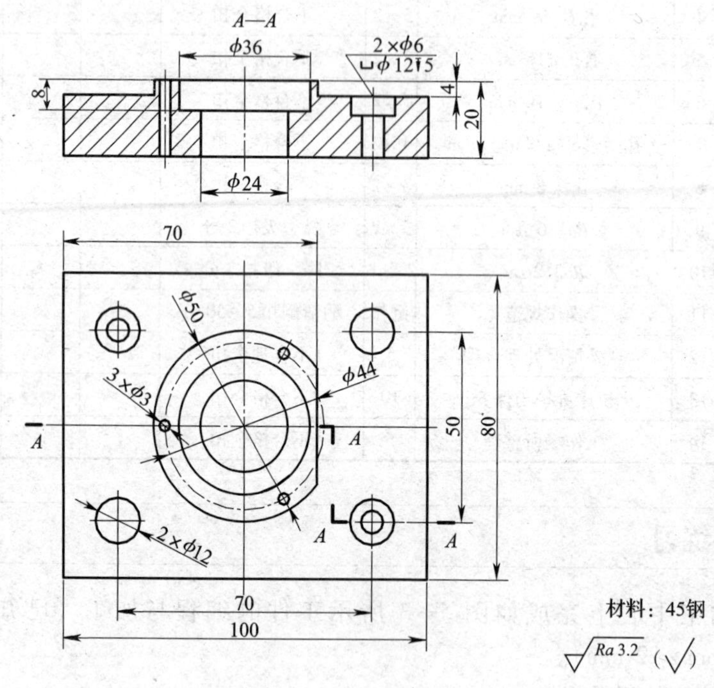

图 5—4　钻孔技能拓展 2

（2）设定工件原点，编写程序。

（3）完成零件的加工及测量。

课后阅读

【微细孔加工技术】

随着 IT 相关产业的发展，近年来，对光学和电子工业所用装置的零部件产品的需求急速增长，这种增长刺激了微细形状及高精度加工技术的迅速发展。其中，微细孔加工技术的开发应用尤其引人注目。微细孔加工在印制电路板加工中应用广泛，包括钢材在内的多种被加工材料，均可用钻头对小直径孔进行加工。

目前，小直径孔加工中，利用钻头切削的孔直径最小可至 ϕ50 μm 左右。小于 ϕ50 μm 的孔则多采用电加工来完成。为了抑制毛刺产生，许多研究者提出了采用超声波振动切削的方式。目前，正在探索一种应用范围广而且工艺合理的超声波振动切削模式，其中包括研究机床的适应特性等内容。随着微细孔加工技术的进一步发展，今后可望更好地实现直径更小、*L*/*D* 值更大的微小深孔加工，钻削的速度会更快，加工精度会更高。

任务 2　铰孔与镗孔加工

一、工作任务

本次任务是编写如图 5—5 所示工件的孔加工程序并进行加工。为完成该任务，必须掌握孔加工误差产生的原因、孔测量方法、铰孔与镗孔加工指令、铰孔与精镗孔余量的确定方法等理论知识。

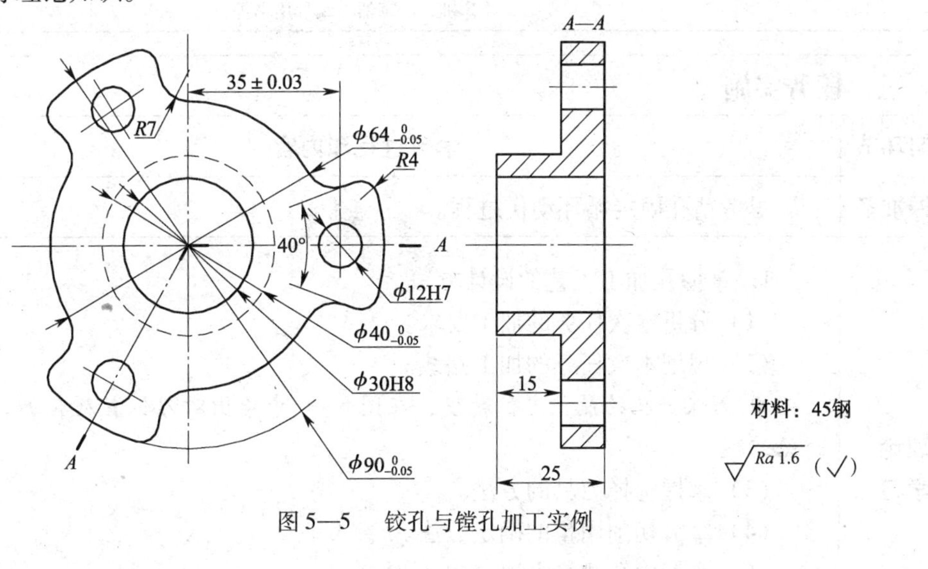

图 5—5　铰孔与镗孔加工实例

二、任务准备

工具、量具、刀具及材料清单见表 5—3。

表 5—3　　工具、量具、刀具及材料清单

序号	名称	规格	数量	备注
1	游标卡尺	0 ~ 150 mm，0.02 mm	1	
2	千分尺	25 ~ 50 mm，0.01 mm	1	
3	塞规	ϕ12H7	1	
4	内径量表	18 ~ 35 mm，0.01 mm	1	
5	百分表	0 ~ 10 mm，0.01 mm	1	
6	磁性表座		1	
7	中心钻	A2.5	1	
8	钻头	ϕ11.8 mm	1	
9	铰刀	ϕ12 mm	1	
10	钻夹头刀柄	ST50 - Z16 - 45	1	
11	钻夹头		1	
12	立铣刀	ϕ16 mm	1	
13	强力夹头刀柄	BT40 - C22 - 95	1	
14	弹簧夹头	ϕ16 mm	1	
15	精镗刀	ϕ30 mm	1 套	
16	三爪自定心卡盘		1	
17	材料	定制件，45 钢	1	
18	辅具	锉刀、垫铁、活扳手、压板、螺钉等	1 套	
19	其他	铜棒、铜皮、毛刷、抹布、洗涤剂等常用工具		选用
		计算机、计算器、编程用书等		

三、任务实施

学习环节	学习过程和内容
新课准备	思考钻孔固定循环动作过程。
理论学习	1. 掌握孔加工工艺的设计方法。 (1) 分析本次任务的加工要求。 (2) 规划本次任务的加工路线。 ◆ 为保证孔的最佳定位精度，在图 5—6 中绘出对刀位置及孔加工的最佳进给路线。 (3) 掌握选择刀具的方法。 (4) 掌握切削用量的确定方法。 (5) 掌握内孔测量方法。 2. 掌握铰孔循环指令。 3. 掌握镗孔循环指令。

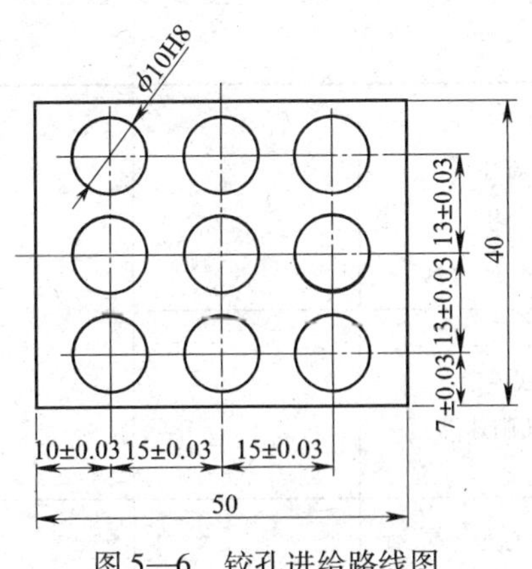

图 5—6　铰孔进给路线图

4．完成本次任务加工程序的编制。

实践操作

完成本任务工件的加工，并填写表 5—4。

提示

刀具安装时，注意刀具装入刀库的位置应与程序中的刀具号一致，且相应参数设置也要一致；用三爪自定心卡盘装夹工件时，要校正工件在夹具中的位置，保证工件的装夹位置与加工位置一致，而且加工时应避免加工到三爪自定心卡盘。

表 5—4　　实践过程记录表

加工内容			工件材料		
设备名称		夹具名称		加工起止时间	—
加工步骤	操作过程				
刀具装夹					
工件装夹					
加工工步					
加工程序					
刀具相应参数设置					

续表

实践操作	模拟检验结果分析				
	加工路线绘制，并标出切削速度				
	测量工具				
	分析加工结果				

思考

如何控制精镗孔尺寸？

四、任务测评

先自己检测完成任务的情况，再与同学互检，合格后交指导老师评分，老师签字后方可进行下一任务的实训。

项目与权重	序号	技术要求	配分	评分标准	检测记录			得分
					自测	互测	实测	
程序与工艺（25%）	1	程序格式规范	10	不规范全扣				
	2	程序正确、完整	5	不正确全扣				
	3	加工工艺合理	10	不合理全扣				
加工操作（55%）	4	ϕ12H7	5×3	不合格全扣				
	5	ϕ30H8，Ra1.6 μm	10/5	不合格全扣				
	6	孔距（35±0.03）mm	5×3	不合格全扣				
	7	Ra1.6 μm	10	降一级扣3分				

续表

项目与权重	序号	技术要求	配分	评分标准	检测记录			得分
					自测	互测	实测	
安全文明生产（20%）	8	操作规范	倒扣	酌情倒扣 5 ~ 30 分				
	9	意外情况处理合理	5	不合理全扣				
	10	机床维护与保养	10	不合格全扣				
	11	工作场所整理	5	不合格全扣				

五、拓展练习

1. 试在加工中心上完成如图 5—7 所示工件的编程与加工（已知毛坯尺寸为 ϕ100 mm × 23 mm）。

（1）列出选用的刀具规格。

（2）设定工件原点，编写程序。

（3）完成零件的加工及测量。

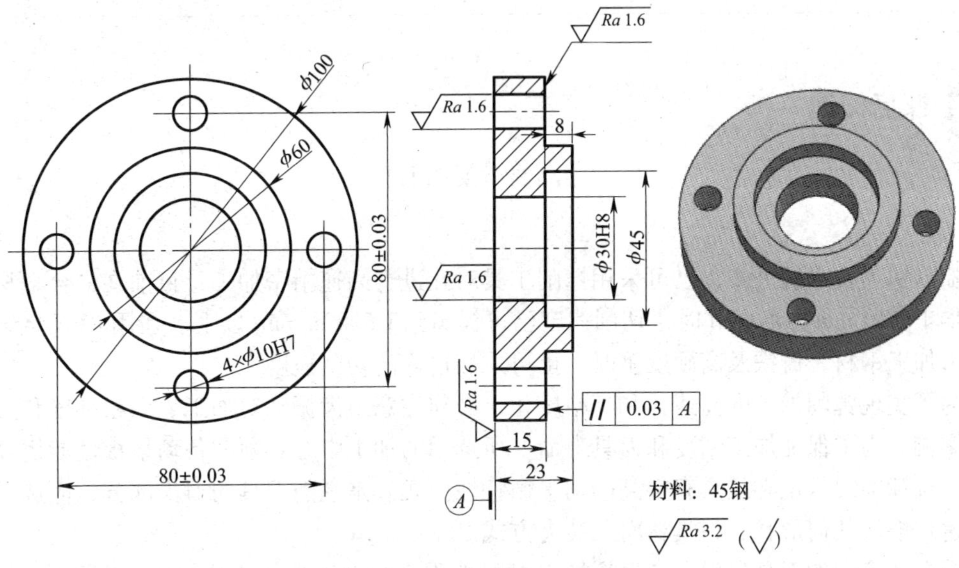

图 5—7　镗孔技能拓展 1

2. 试在加工中心上完成如图 5—8 所示工件的内孔的编程与加工（已知毛坯尺寸为 ϕ100 mm × 25 mm，外轮廓已加工完毕），夹具只能使用平口钳。

（1）列出选用的刀具规格。

（2）设定工件原点，编写程序。

（3）完成零件的加工及测量。

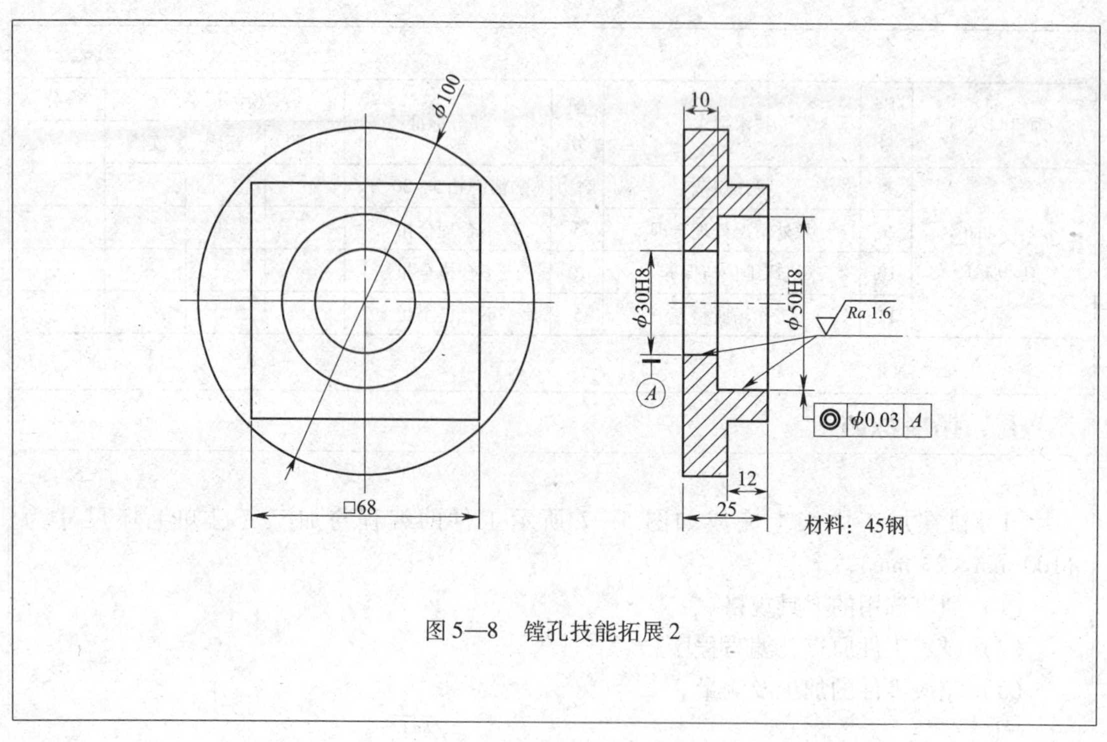

图 5—8　镗孔技能拓展 2

课后阅读

【高速镗削加工】

随着加工技术的进步，已可采用镗削工具对孔进行高速精密加工。目前在铝合金材料上镗削加工 ϕ40 mm 左右的孔时，切削速度已可提高到 1 500 m/min 以上。在用 CBN 烧结体做切削刃加工钢材、铸铁及高硬度钢时，也可采用这样的切削速度。

为了实现镗削加工的高速化和高精度化，必须注意刀齿振动对加工表面粗糙度和刀具寿命的影响。为了保证加工精度和刀具寿命，所选用的加工中心必须配备动平衡性能优异的主轴，所选镗削刀具也必须具有很高的动平衡特性。尤其是镗削刀具的刀齿部分，应选择适用于高速切削的几何形状、刀具材料及装夹方式。

镗孔加工中的刀具材料，应根据加工材料性质进行合理选择。如加工 40HRC 以下的钢时，可选用金属陶瓷刀具，这种刀具在 v = 300 m/min 以上的高速切削条件下，可获得良好的加工表面粗糙度与较长的刀具寿命。涂层硬质合金刀具则适用于对 60HRC 以下的钢材等进行高速切削，刀具寿命非常稳定，但切削速度稍低于金属陶瓷刀具。CBN 烧结体刀具适用于加工高硬度钢、铸铁等材料，切削速度可达 1 000 m/min 以上，而且刀具寿命非常稳定。在对铝合金等有色金属及非金属材料进行超高速切削时，可选用金刚石烧结体刀具，这种刀具切削稳定，刀具寿命也很长。应注意的是，使用金刚石刀具时，刀齿刃带必须进行倒棱处理，这是保证切削稳定的重要条件。

任务3　攻螺纹与铣螺纹

一、工作任务

本次任务是编写如图5—9所示工件的数控铣加工程序并进行加工，毛坯为80 mm×80 mm×15 mm的45钢。为完成该任务，必须掌握攻螺纹产生误差的原因、螺纹加工常用的加工指令、螺纹加工刀具等理论知识。

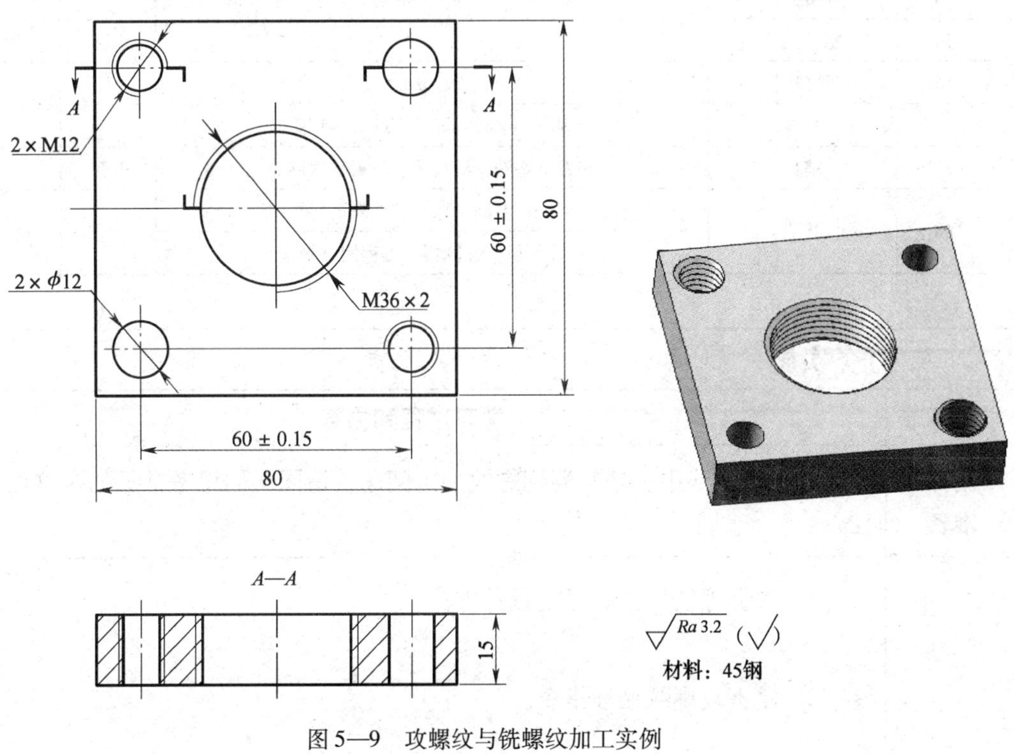

图5—9　攻螺纹与铣螺纹加工实例

二、任务准备

工具、量具、刀具及材料清单见表5—5。

表5—5　　**工具、量具、刀具及材料清单**

序号	名称	规　格	数量	备注
1	游标卡尺	0~150 mm，0.02 mm	1	
2	千分尺	50~75 mm，0.01 mm	1	
3	螺纹环规	M12，M36×2	各1	
4	百分表	0~10 mm，0.01 mm	1	
5	磁性表座		1	
6	中心钻	A2.5	1	
7	钻头	φ10.3 mm，φ12 mm	各1	
8	丝锥	M12	1	

续表

序号	名称	规　格	数量	备注
9	钻夹头刀柄	ST50－Z16－45	1	
10	钻夹头		1	
11	立铣刀	ϕ16 mm	1	
12	强力夹头刀柄	BT40－C22－95	1	
13	弹簧夹头	ϕ16 mm	1	
14	螺纹铣刀		1套	
15	平口钳	200 mm	1	
16	材料	80 mm×80 mm×15 mm，45钢		
17	辅具	锉刀、垫铁、活扳手、压板、螺钉等	1套	
18	其他	铜棒、铜皮、毛刷、抹布、洗涤剂等常用工具		选用
		计算机、计算器、编程用书等		

三、任务实施

学习环节	学习过程和内容
新课准备	在生产实践中，经常遇到螺纹加工问题，请同学们思考常见的螺纹加工方法。
理论学习	1. 掌握螺纹加工的工艺设计方法。 2. 掌握攻螺纹循环指令。 3. 掌握螺旋插补铣螺纹的方法。 4. 完成本次任务加工程序的编制。
实践操作	完成本任务工件的加工，并填写表5—6。 **提示** 刀具安装时，注意刀具装入刀库的位置应与程序中的刀具号一致，且相应参数设置也要一致；装夹工件时注意垫铁的位置，避免孔加工时加工到垫铁；加工螺纹时不要调倍率开关。

表 5—6　实践过程记录表

加工内容			工件材料		
设备名称		夹具名称		加工起止时间	—
加工步骤	操作过程				
刀具装夹					
工件装夹					
加工工步					
加工程序					
刀具及相应参数设置					
模拟检验结果分析					
加工路线绘制， 并标出切削速度					
测量工具					
分析加工结果					

四、任务测评

先自己检测完成任务的情况，再与同学互检，合格后交指导老师评分，老师签字后方可进行下一任务的实训。

项目与权重	序号	技术要求	配分	评分标准	检测记录			得分
					自测	互测	实测	
程序与工艺（25%）	1	程序格式规范	10	不规范全扣				
	2	程序正确、完整	5	不正确全扣				
	3	加工工艺合理	10	不合理全扣				
加工操作（55%）	4	孔径 $\phi12$ mm	5×2	不合格全扣				
		*Ra*3. 2 μm	3×2	降一级扣 2 分				
	5	M12	5×2	不合格全扣				
		*Ra*3. 2 μm	3×2	降一级扣 2 分				
	6	M36×2	10	不合格全扣				
		*Ra*3. 2 μm	5	降一级扣 3 分				
	7	孔距（60±0. 15）mm	4×2	不合格全扣				

续表

项目与权重	序号	技术要求	配分	评分标准	检测记录			得分
					自测	互测	实测	
安全文明生产（20%）	8	操作规范	倒扣	酌情倒扣 5 ~ 30 分				
	9	意外情况处理合理	5	不合理全扣				
	10	机床维护与保养	10	不合格全扣				
	11	工作场所整理	5	不合格全扣				

五、拓展练习

试在加工中心上完成如图 5—10 所示工件的编程与加工（已知毛坯尺寸为 100 mm × 100 mm × 30 mm）。

1. 列出选用的刀具规格。
2. 设定工件原点，编写程序。
3. 完成零件的加工及测量。

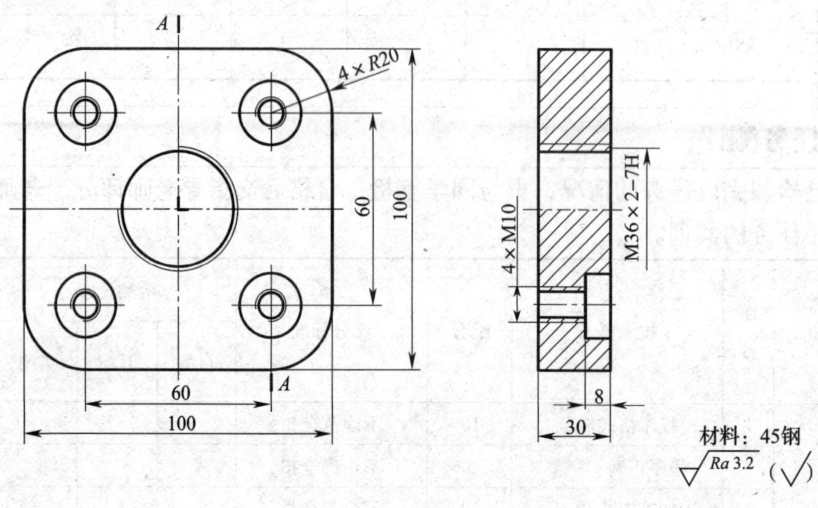

图 5—10　螺纹加工技能拓展

课后阅读

【左旋螺纹应用】

机械工程领域应用的螺纹根据螺旋方向分为左旋螺纹和右旋螺纹两种，右旋螺纹应用较多，左旋螺纹应用比较少。但左旋螺纹却是不可缺少的，如一些泵、电动机、通风机、电风扇（见图5—11）等的传动轴上都有摒紧各类叶轮用的左旋螺纹，叶轮转动时相对于摒紧螺母有一个向左的力矩，如果是右旋螺纹，则会导致摒紧螺母越来越松，从而引起叶轮松动损坏设备。又如，乙炔气瓶减压阀上的螺纹也是左旋的（见图5—12），可起到警示作用，以引起使用者注意，不要与氧气混用发生危险。此外，液化气罐和减压阀的接口、车轮两侧的紧固螺栓、砂轮机的电动机主轴等都用到左旋螺纹。

图5—11　电风扇摒紧装置

公称工作压力：3MPa（30 bar）
公称通径：ϕ4mm
进气口螺纹：1－11 1/2－NGT
出气口螺纹：内螺纹G5/8－LH
适用介质：乙炔气

图5—12　QF－15C乙炔气瓶阀

【螺纹切削加工技术】

采用螺旋切削插补方式进行螺纹加工所用的立铣刀可加工M3以上的螺纹孔，排屑性能良好，可获得稳定的高精度。

对于高速攻螺纹作业，如能满足攻螺纹刀具、工具轨迹及切削条件、夹具及所用加工中心等方面必要的条件，即可实现稳定的高精度、高效率螺纹切削加工。利用丝锥实现高速切削的基本条件如下：

① 应重视刀齿的切削功能，例如，选择刀齿设计有后角的丝锥，切削效果比较理想。

② 丝锥的夹持应选用刚度良好的夹具，如选用弹簧夹具、热装式夹具等。

③ 加工中心等机床在切削回转过程中，应具有很高的同步精度。

项目六

数控铣床/加工中心编程技巧

任务1　极坐标编程

一、工作任务

本次任务是编写如图6—1所示工件的数控铣加工程序并进行加工，毛坯为ϕ90mm×18mm的45钢。为完成该任务，必须掌握极坐标编程相关知识。

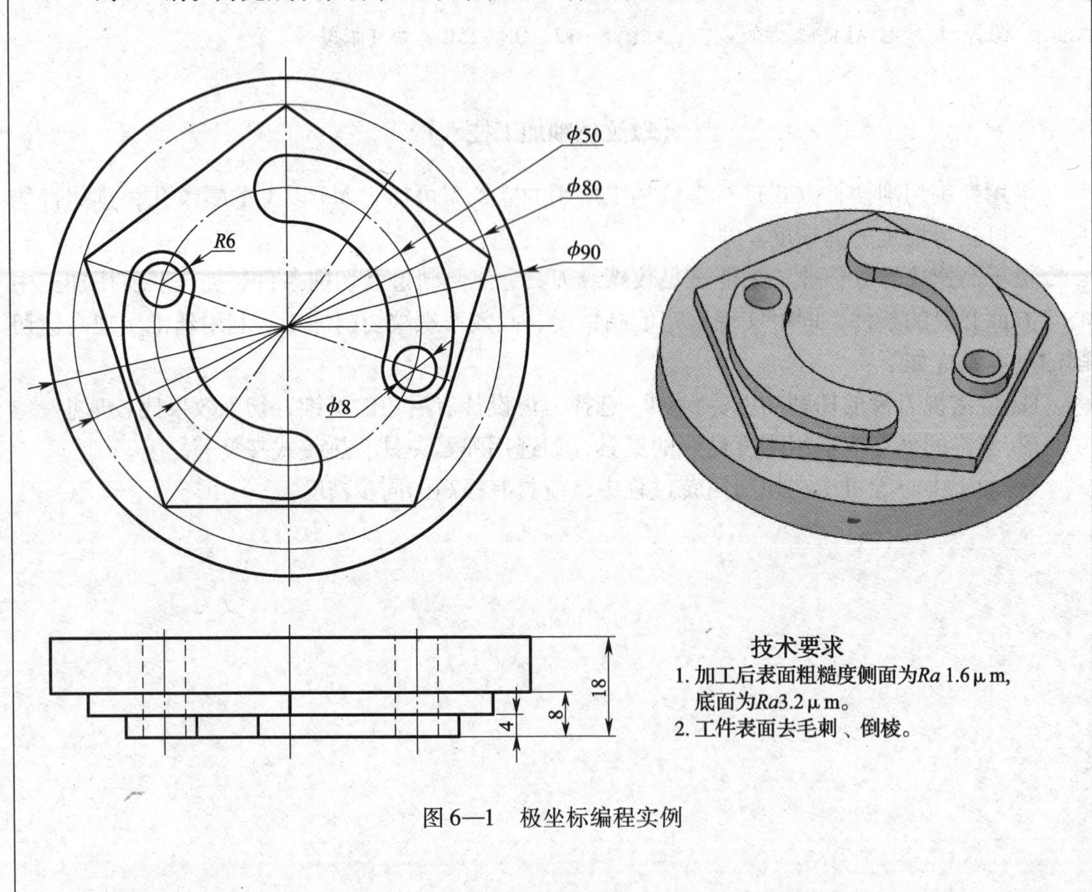

图6—1　极坐标编程实例

二、任务准备

工具、量具、刀具及材料清单见表6—1。

表 6—1　　**工具、量具、刀具及材料清单**

序号	名称	规格	数量	备注
1	游标卡尺	0～150 mm，0.02 mm	1	
2	半径样板	$R5$～10 mm	各 1	
3	百分表	0～10 mm，0.01 mm	1	
4	磁性表座		1	
5	立铣刀	$\phi16$ mm	1	
6	强力夹头刀柄	BT40－C22－95	1	
7	弹簧夹头	$\phi16$ mm	1	
8	钻头	$\phi7.8$ mm	1	
9	钻夹头		1	
10	钻夹头刀柄	ST50－Z16－45	1	
11	三爪自定心卡盘		1	
12	材料	$\phi90$ mm×18 mm，45 钢	1	
13	辅具	锉刀、垫铁、活扳手、压板、螺钉等	1 套	
14	其他	铜棒、铜皮、毛刷、抹布、洗涤剂等常用工具		选用
		计算机、计算器、编程用书等		

三、任务实施

学习环节	学习过程和内容
新课准备	思考完成下面两个零件基点坐标值的计算。 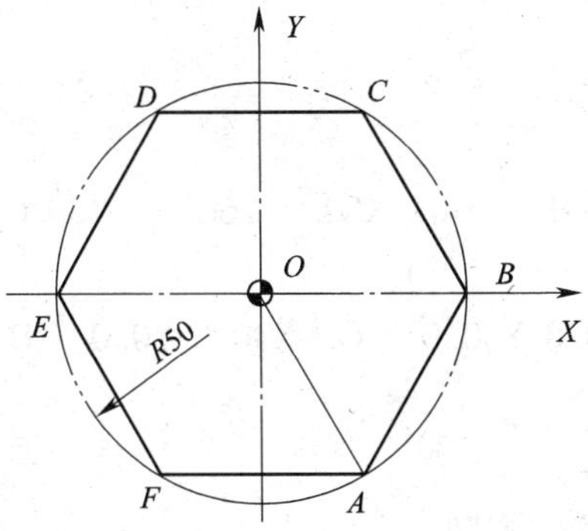 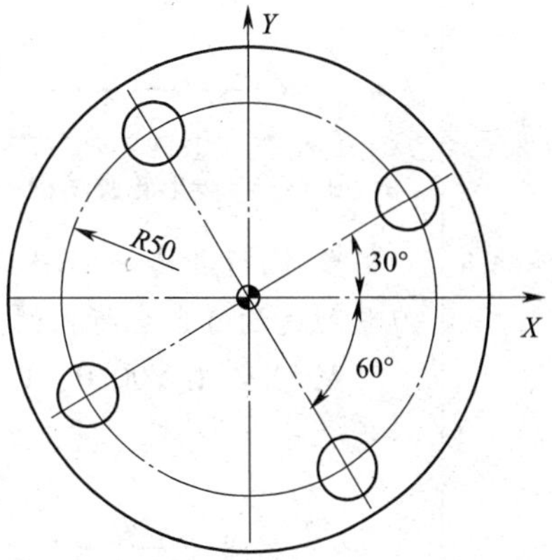
理论学习	1. 掌握点的位置表示方法。 （1）直角坐标系。 ◆ 思考回答： 在直角坐标系（XY 平面）中，如何表示点的位置？

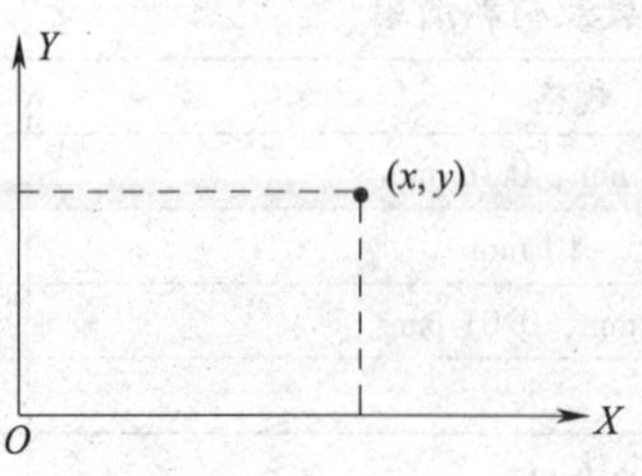

(2) 极坐标系。

(3) 直角坐标与极坐标的互换。

◆ 思考回答：

平面上任意一点 P 的极坐标与直角坐标之间有什么关系？

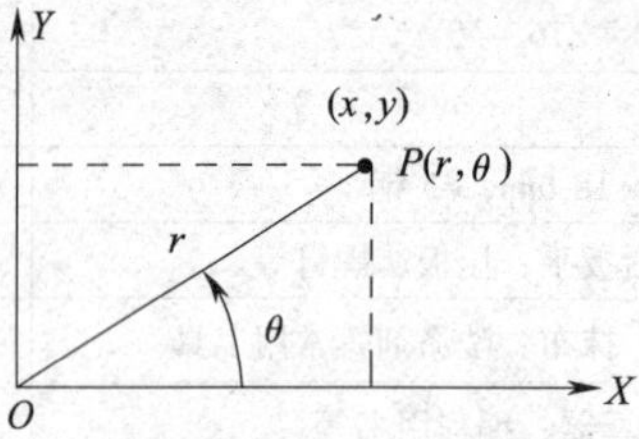

2. 掌握极坐标编程。

◆ 完成图 6—2 所示菱形轮廓的程序编制。

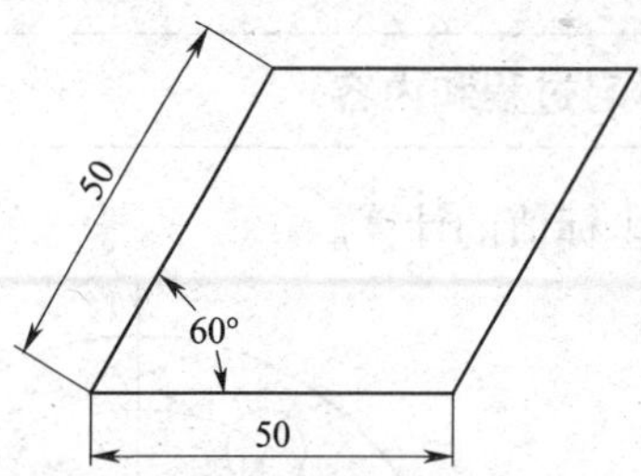

图 6—2　菱形轮廓编程

◆ 执行指令“G90 G17 G16；G01 X50.0 Y60.0；X30.0；Y90.0；”后，刀具到达的直角坐标系的点为：(　　　)。

A. X30.0 Y90.0　B. X0.0 Y30.0　C. X30.0 Y0.0　D. X50.0 Y90.0

3. 完成本次任务加工程序的编制。

实践操作

完成本任务工件的加工，并填写表 6—2。

 **提示**

仔细观察圆弧凸台加工时的情况，特别是从大圆弧加工过渡到小圆弧加工时的切削状况。

表 6—2　　　　实践过程记录表

加工内容			工件材料			
设备名称		夹具名称		加工起止时间	—	
加工步骤	操作过程					
刀具装夹						
工件装夹						
加工内容						
程序名及程序段号						
刀具相应参数设置						
模拟检验结果分析						
加工路线绘制，并标出切削速度						
测量工具						
分析加工结果						

思考

仔细观察圆弧凸台的侧表面表面粗糙度，大圆弧与小圆弧的表面粗糙度一致吗？为什么？

四、任务测评

先自己检测完成任务的情况，再与同学互检，合格后交指导老师评分，老师签字后方可进行下一任务的实训。

项目与权重	序号	技术要求	配分	评分标准	检测记录			得分
					自测	互测	实测	
程序与工艺（25%）	1	程序格式规范	10	不规范全扣				
	2	程序正确、完整	5	不正确全扣				
	3	加工工艺合理	10	不合理全扣				
加工操作（55%）	4	坐标系设定正确	7	不合格全扣				
	5	五边形尺寸精度合格	5	不合格全扣				
	6	五边形形位精度合格	4	不合格全扣				
	7	五边形表面粗糙度合格	3	降一级扣2分				
	8	圆弧凸台尺寸精度合格	4×2	不合格全扣				
	9	圆弧凸台形位精度合格	3×2	不合格全扣				
加工操作	10	圆弧凸台表面粗糙度	2×2	降一级扣1分				
	11	孔尺寸精度合格	4×2	不合格全扣				
	12	孔形位精度合格	3×2	不合格全扣				
	13	孔表面粗糙度	2×2	降一级扣1分				
安全文明生产（20%）	14	操作规范	倒扣	酌情倒扣5~30分				
	15	意外情况处理合理	5	不合理全扣				
	16	机床维护与保养	10	不合格全扣				
	17	工作场所整理	5	不合格全扣				

五、拓展练习

试在加工中心上完成如图 6—3 所示工件的编程与加工（已知毛坯尺寸为 ϕ100 mm × 20 mm）。

1. 列出选用的刀具规格。

2. 设定工件原点，编写程序。

3. 完成零件的加工及测量。

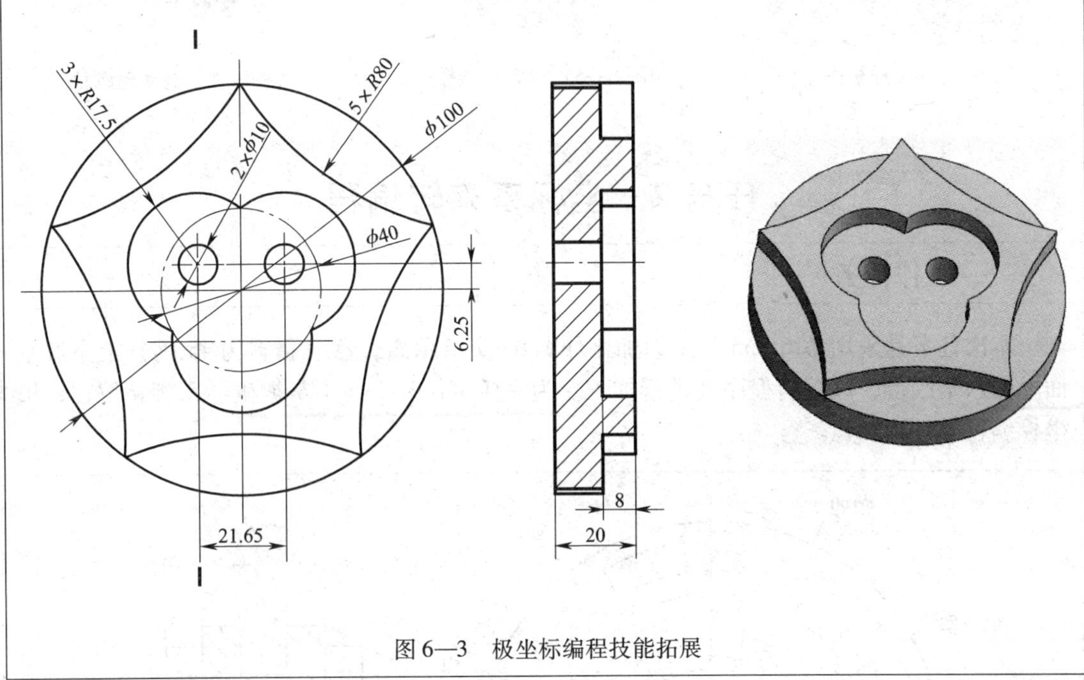

图 6—3　极坐标编程技能拓展

课后阅读

【表面粗糙度测量方法】

1. 表面粗糙度样板

如图 6—4 所示，用表面粗糙度样板确定零件表面粗糙度，是将被测零件表面与表面粗糙度样板进行比较，从而作出判断。用表面粗糙度样板比较法测量简便易行，是实际生产中的主要测量手段。缺点是精度较差，只能做定性分析比较，评定可靠性受检验人员经验的影响。

2. 双管显微镜

如图 6—5 所示，双管显微镜是利用光切原理测量表面粗糙度的量仪，用于测量 0. 8 ~ 80 μm的轮廓最大高度 Rz 值，也可以用于测量轮廓单峰平均间距 S 值。

3. 电动轮廓仪

如图 6—6 所示，电动轮廓仪是电感式量仪，可测量平面、外圆柱面和直径在 6 mm 以上内孔的表面粗糙度值，用于测量 0. 025 ~ 6. 3 μm 的轮廓算术平均偏差 Ra 值。

图 6—4　样板图

图 6—5　双管显微镜

图 6—6　电动轮廓仪

任务 2　坐标系旋转编程

一、工作任务

本次任务是采用 ϕ16 mm 立铣刀加工如图 6—7 所示离合器（材料为 45 钢）上下底平面上的六个凸台，试编制程序并进行加工。为完成该任务，必须掌握坐标系旋转编程、极坐标编程等理论知识。

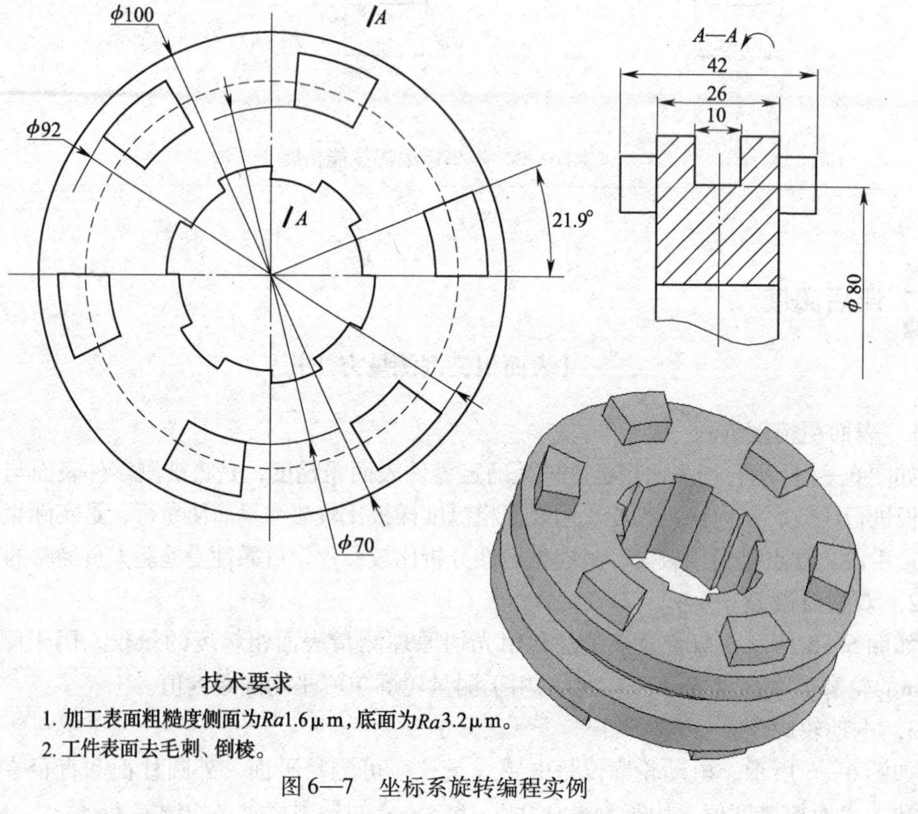

技术要求

1. 加工表面粗糙度侧面为 Ra1.6 μm，底面为 Ra3.2 μm。
2. 工件表面去毛刺、倒棱。

图 6—7　坐标系旋转编程实例

二、任务准备

工具、量具、刀具及材料清单见表6—3。

表6—3　　工具、量具、刀具及材料清单

序号	名称	规　格	数量	备注
1	游标卡尺	0～150 mm，0.02 mm	1	
2	万能量角器	0～320°，2′	1	
3	百分表	0～10 mm，0.01 mm	1	
4	磁性表座		1	
5	立铣刀	ϕ16 mm	1	
6	强力夹头刀柄	BT40－C22－95	1	
7	弹簧夹头	ϕ16 mm	1	
8	三爪自定心卡盘	200 mm	1	
9	材料	ϕ100 mm×42 mm的定制件，45钢	1	
10	辅具	锉刀、垫铁、活扳手、压板、螺钉等	1套	
11	其他	铜棒、铜皮、毛刷、抹布、洗涤剂等常用工具		选用
		计算机、计算器、编程用书等		

三、任务实施

<table>
<tr><th>学习环节</th><th>学习过程和内容</th></tr>
<tr><td>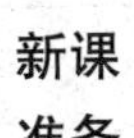
新课准备</td><td>思考并完成如图6—8所示外轮廓（100 mm×100 mm×2 mm）加工程序的编写。
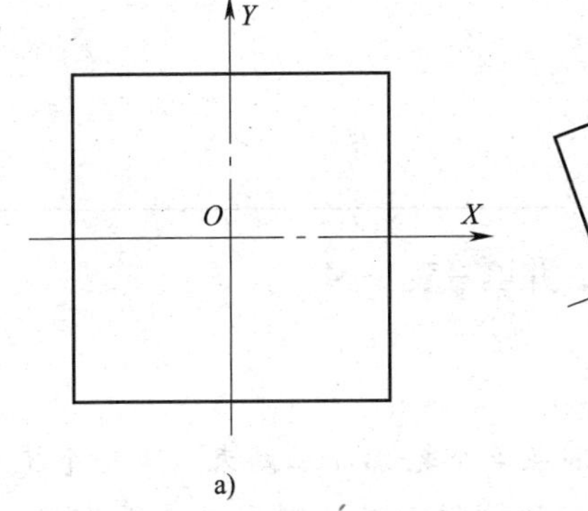

a)
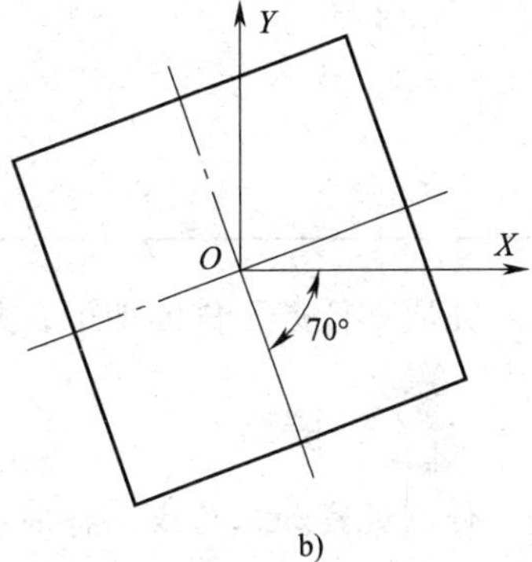

b)
图6—8　编程轮廓
a）外轮廓一　b）外轮廓二</td></tr>
</table>

理论 学习	1. 掌握坐标系旋转指令。 ◆ 仔细观察图 6—9 所示的图形，找出规律。 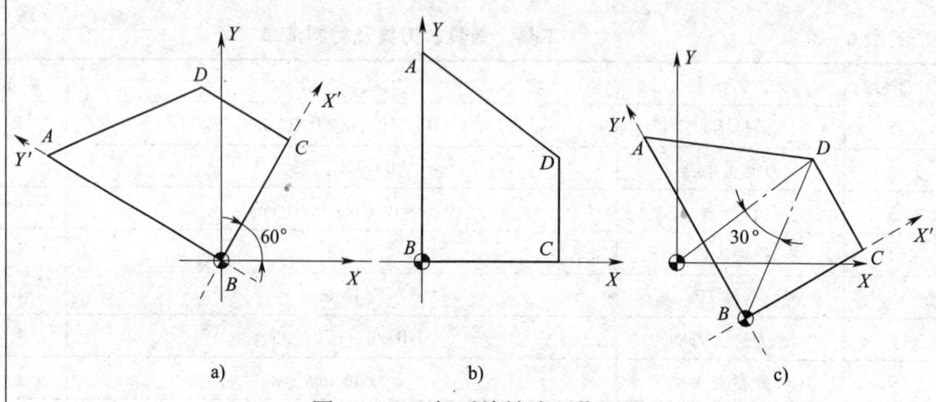 图 6—9 坐标系旋转编程作图题 2. 进行坐标系旋转编程练习。 ◆ 编制图 6—8a 所示的外轮廓一加工程序。 ◆ 在编制的程序中添加坐标系旋转指令，完成图 6—8b 所示的外轮廓二的程序编制。 3. 完成本次任务加工程序的编制。
实践 操作	完成本任务工件的加工，并填写表 6—4。  **提示** 仔细观察加工路线，特别在单个轮廓加工结束、下一个轮廓加工开始时，判断加工是否正常，判断此时的轮廓加工铣削形式是否改变，是顺铣还是逆铣。

表 6—4　　实践过程记录表

<table>
<tr><td>加工内容</td><td colspan="2"></td><td>工件材料</td><td colspan="2"></td></tr>
<tr><td>设备名称</td><td></td><td>夹具名称</td><td></td><td>加工起止时间</td><td>—</td></tr>
<tr><td>加工步骤</td><td colspan="5">操作过程</td></tr>
<tr><td>刀具装夹</td><td colspan="5"></td></tr>
<tr><td>工件装夹</td><td colspan="5"></td></tr>
<tr><td>加工内容</td><td></td><td></td><td></td><td colspan="2"></td></tr>
<tr><td>程序名及程序段号</td><td></td><td></td><td></td><td colspan="2"></td></tr>
<tr><td>刀具相应参数设置</td><td></td><td></td><td></td><td colspan="2"></td></tr>
<tr><td>模拟检验结果分析</td><td></td><td></td><td></td><td colspan="2"></td></tr>
<tr><td>加工路线绘制，
并标出切削速度</td><td></td><td></td><td></td><td colspan="2"></td></tr>
<tr><td>测量工具</td><td></td><td></td><td></td><td colspan="2"></td></tr>
<tr><td>分析加工结果</td><td></td><td></td><td></td><td colspan="2"></td></tr>
</table>

四、任务测评

先自己检测完成任务的情况，再与同学互检，合格后交指导老师评分，老师签字后方可进行下一任务的实训。

项目与权重	序号	技术要求	配分	评分标准	检测记录			得分
					自测	互测	实测	
程序与工艺（25%）	1	程序格式规范	10	不规范全扣				
	2	程序正确、完整	5	不正确全扣				
	3	加工工艺合理	10	不合理全扣				
加工操作（55%）	4	底平面表面粗糙度合格	7	降一级扣4分				
	5	小凸台尺寸精度合格	4×6	不合格全扣				
	6	小凸台形位精度合格	2×6	不合格全扣				
	7	小凸台表面粗糙度合格	2×6	降一级扣1分				
安全文明生产（20%）	8	操作规范	倒扣	酌情倒扣5~30分				
	9	意外情况处理合理	5	不合理全扣				
	10	机床维护与保养	10	不合格全扣				
	11	工作场所整理	5	不合格全扣				

五、拓展练习

1. 试在加工中心上完成如图6—10所示工件的编程与加工（已知毛坯尺寸为120 mm×120 mm×20 mm）。

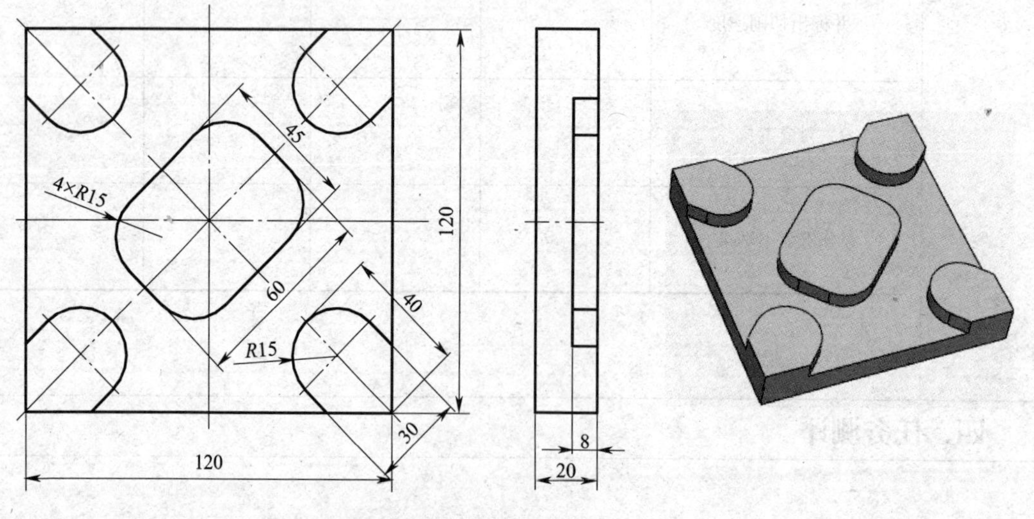

图6—10　坐标系旋转编程技能拓展1

（1）列出选用的刀具规格。

（2）设定工件原点，编写程序。

（3）完成零件的加工及测量。

2. 试在加工中心上完成如图 6—11 所示工件的编程与加工（已知毛坯尺寸为 ϕ100 mm×20 mm）。

（1）列出选用的刀具规格。

（2）设定工件原点，编写程序。

（3）完成零件的加工及测量。

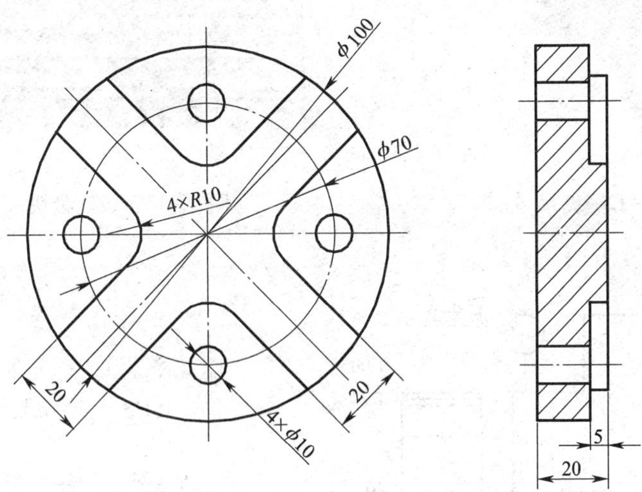

图 6—11　坐标系旋转编程技能拓展 2

课后阅读

【间隙测量及量块比较测量】

1. 间隙测量

在配合类零件的加工过程中，经常要对配合间隙进行测量，由于间隙较小，无法用游标卡尺或千分尺测量，只能用如图 6—12 所示的塞尺（又叫厚薄规）测量。

塞尺由多种厚度不同的片状体叠合而成，每个片状体的厚度规定如下：在 0.02～0.1 mm 范围内，每片厚度相隔 0.01 mm；在 0.1～1 mm 范围内，每片厚度相隔 0.05 mm。

使用塞尺时，根据间隙的大小，可用一片或数片叠在一起插入间隙内。例如用 0.52 mm的塞尺可以插入，而用 0.58mm 的塞尺不能插入时，表示其间隙在 0.52～0.58 mm之间。

2. 量块比较测量

量块是由不易变形的耐磨材料（如铬锰钢）制成的长方形六面体，它有两个工作表面和四个非工作表面。

量块一般做成一套，如图 6—13 所示，有 42 块一套和 87 块一套等几种。用量块测量工件尺寸时，其测量过程如图 6—14 所示，首先选用不同的量块叠合在一起组成所需测量的尺寸（见图 6—15），然后利用百分表比较测量出组合量块尺寸与工件实际尺寸的差值，最后通过计算，得出工件最终的实际尺寸值。

图 6—12　塞尺

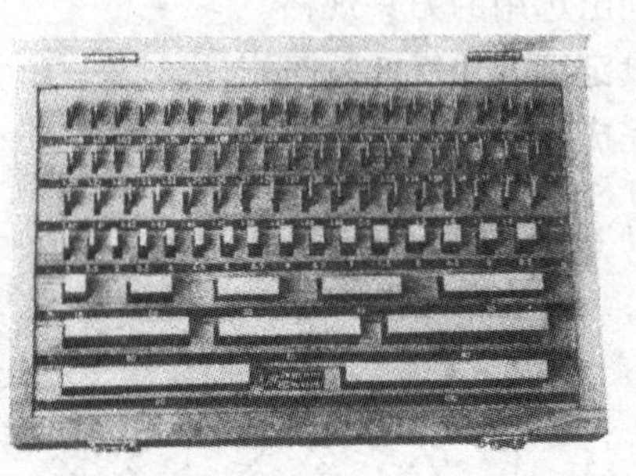

图 6—13　成套量块

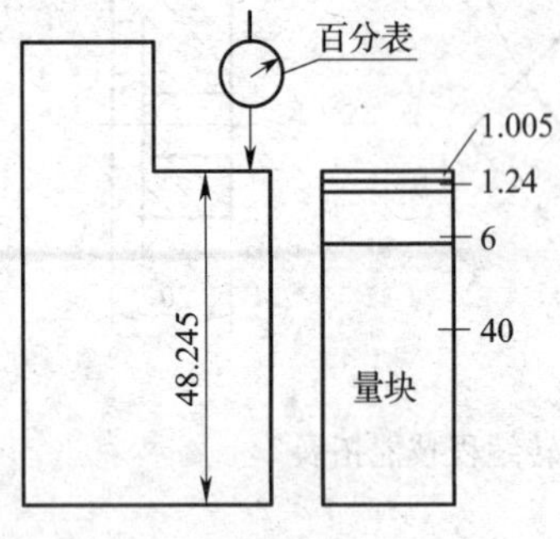

图 6—14　量块测量过程

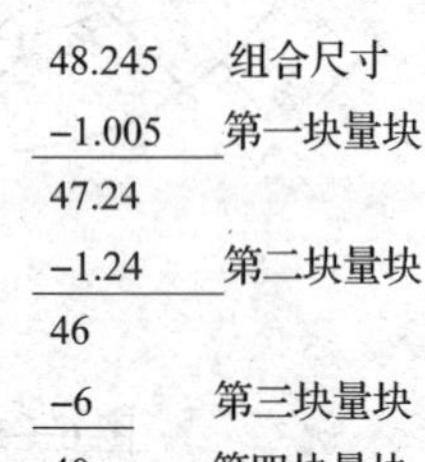

图 6—15　量块的组合

选用量块组合尺寸时，为了减少积累误差，应尽量采用最少的块数。87 块一套的量块，一般不要超过 4 块；42 块一套的量块，一般不超过 5 块。

任务 3　坐标镜像编程

一、工作任务

本次任务是采用 ϕ10 mm 立铣刀加工如图 6—16 所示工件，试采用镜像指令编写其加工中心加工程序，并进行加工，毛坯为 130 mm × 90 mm × 20 mm 的 45 钢。

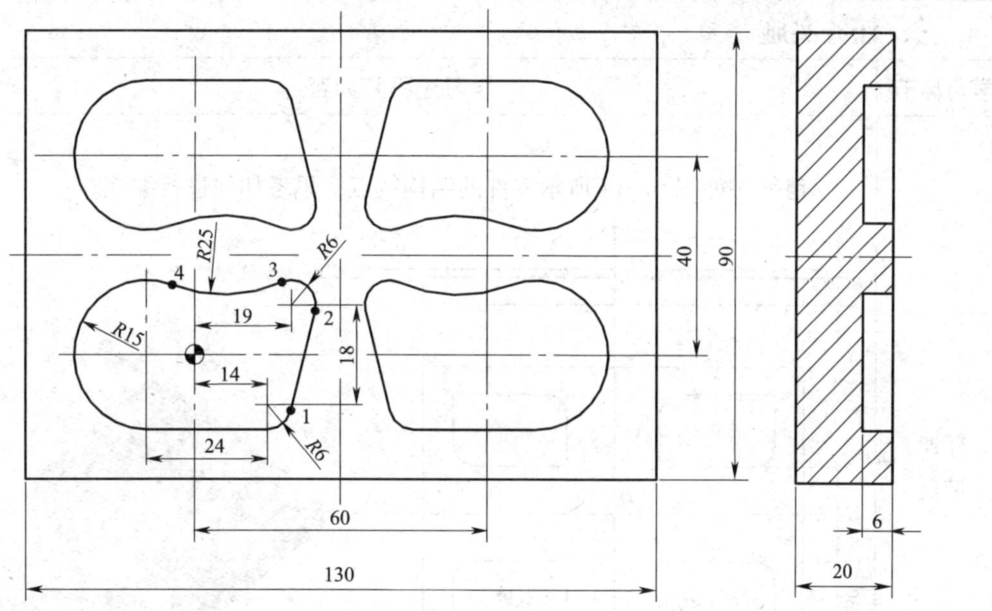

技术要求

1.加工后表面粗糙度侧面为*Ra*1.6μm，底面为*Ra*3.2μm。

2.工件表面去毛刺、倒棱。

图 6—16　镜像编程实例

二、任务准备

工具、量具、刀具及材料清单见表 6—5。

表 6—5　　工具、量具、刀具及材料清单

序号	名称	规　格	数量	备注
1	游标卡尺	0 ~ 150 mm，0. 02 mm	1	
2	半径样板	*R*5 ~ 25 mm	1	
3	百分表	0 ~ 10 mm，0. 01 mm	1	
4	磁性表座		1	
5	立铣刀	ϕ16 mm	1	
6	强力夹头刀柄	BT40 – C22 – 95	1	
7	弹簧夹头	ϕ16 mm	1	
8	平口钳	200 mm	1	
9	材料	130 mm × 90 mm × 20 mm，45 钢		
10	辅具	锉刀、垫铁、活扳手、压板、螺钉等	1 套	
11	其他	铜棒、铜皮、毛刷、抹布、洗涤剂等常用工具		选用
		计算机、计算器、编程用书等		

三、任务实施

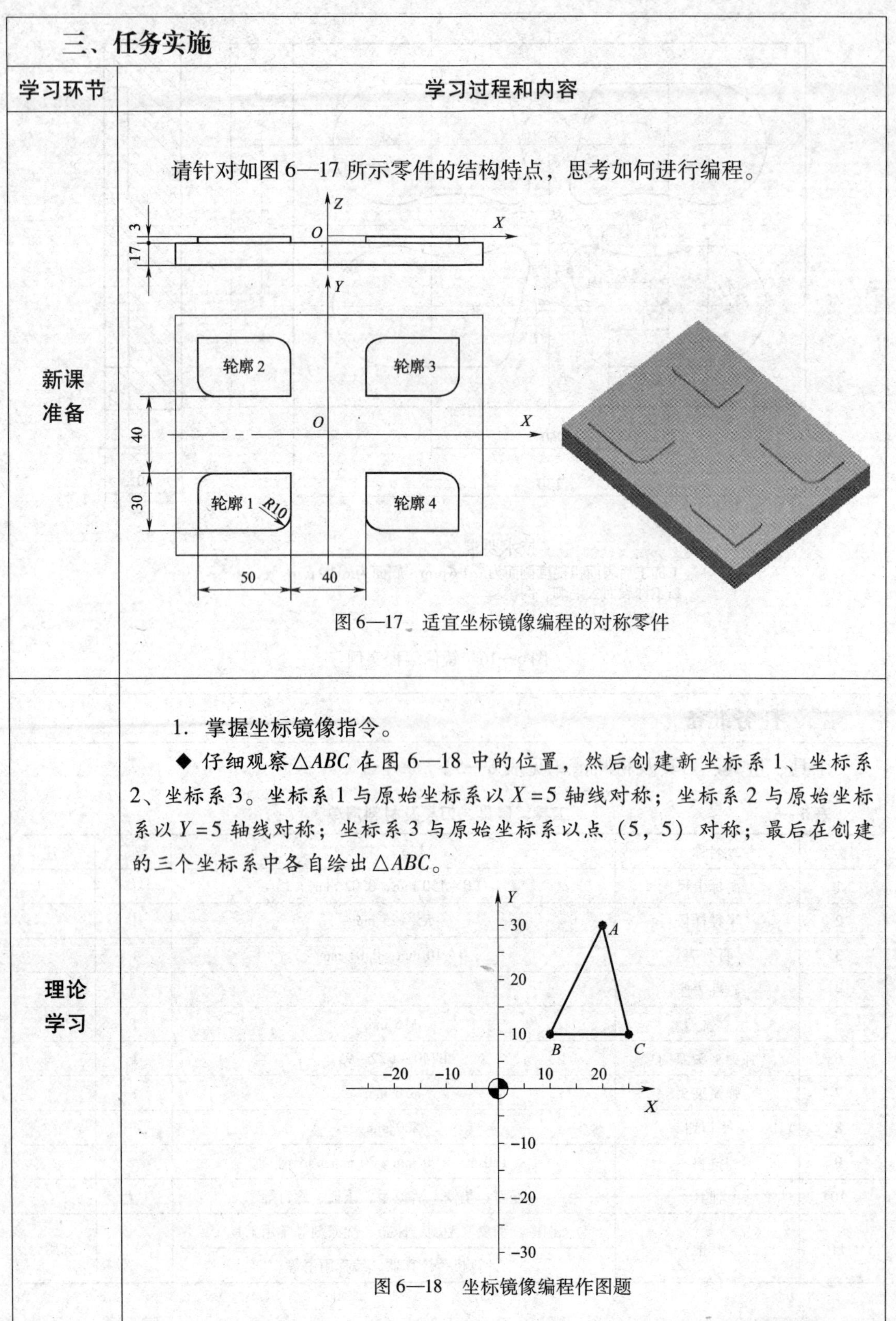

学习环节	学习过程和内容
新课准备	请针对如图 6—17 所示零件的结构特点，思考如何进行编程。 图 6—17　适宜坐标镜像编程的对称零件
理论学习	1. 掌握坐标镜像指令。 ◆ 仔细观察△*ABC* 在图 6—18 中的位置，然后创建新坐标系 1、坐标系 2、坐标系 3。坐标系 1 与原始坐标系以 *X*=5 轴线对称；坐标系 2 与原始坐标系以 *Y*=5 轴线对称；坐标系 3 与原始坐标系以点（5，5）对称；最后在创建的三个坐标系中各自绘出△*ABC*。 图 6—18　坐标镜像编程作图题

2．坐标镜像编程练习。

◆ 编制图 6—17 所示零件中轮廓 1 的程序。

◆ 在编制的程序中添加坐标镜像指令，完成图 6—17 所示零件的所有轮廓加工程序的编制。

3．完成本次任务加工程序的编制。

实践操作

完成本任务工件的加工，并填写表 6—6。

提示

仔细观察加工路线，特别在单个轮廓加工结束、下一个轮廓加工开始时，判断加工状态是否正常，判断此时的轮廓加工铣削形式是否改变，是顺铣还是逆铣。

表 6—6　　实践过程记录表

加工内容			工件材料		
设备名称		夹具名称		加工起止时间	—
加工步骤	操作过程				
刀具装夹					
工件装夹					
加工内容					
程序名及程序段号					
刀具相应参数设置					
模拟检验结果分析					
加工路线绘制，并标出切削速度					
测量工具					
分析加工结果					

思考

仔细观察四个轮廓侧面，它们的表面粗糙度一致吗？为什么？

四、任务测评

先自己检测完成任务的情况，再与同学互检，合格后交指导老师评分，老师签字后方可进行下一任务的实训。

项目与权重	序号	技术要求	配分	评分标准	检测记录			得分
					自测	互测	实测	
程序与工艺（25%）	1	程序格式规范	10	不规范全扣				
	2	程序正确、完整	5	不正确全扣				
	3	加工工艺合理	10	不合理全扣				
加工操作（56%）	4	内型腔尺寸精度合格	5×4	不合格全扣				
	5	内型腔形位精度合格	3×4	不合格全扣				
	6	内型腔侧面粗糙度	3×4	降一级扣2分				
	7	内型腔底面粗糙度	3×4	降一级扣2分				
安全文明生产（19%）	8	操作规范	倒扣	酌情倒扣5~30分				
	9	意外情况处理合理	5	不合理全扣				
	10	机床维护与保养	10	不合格全扣				
	11	工作场所整理	4	不合格全扣				

五、拓展练习

1. 试在加工中心上完成如图6—19所示工件的编程与加工（已知毛坯尺寸为52 mm×52 mm×25 mm）。

（1）列出选用的刀具规格。

（2）设定工件原点，编写程序。

（3）完成零件的加工及测量。

参考点坐标

1 (2.853, 15.362)

2 (4.339, −13.089)

3 (19.428, −12.145)

4 (15.586, 5.39)

5 (11.378, 19.498)

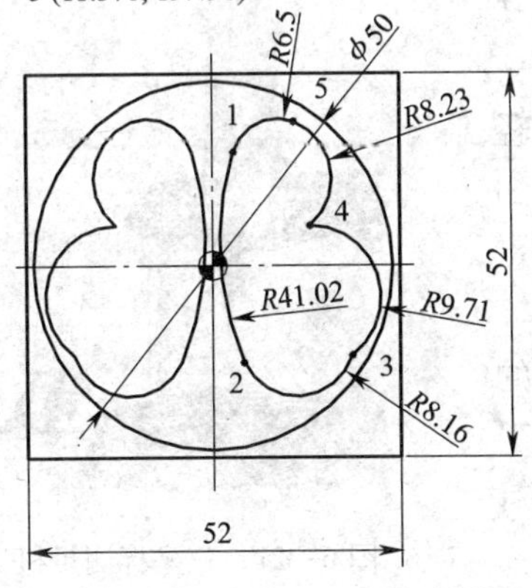

图 6—19　坐标镜像编程技能拓展 1

2. 试在加工中心上完成如图 6—20 所示工件的编程与加工（已知毛坯尺寸为 ϕ50 mm × 25 mm）。

（1）列出选用的刀具规格。

（2）设定工件原点，编写程序。

（3）完成零件的加工及测量。

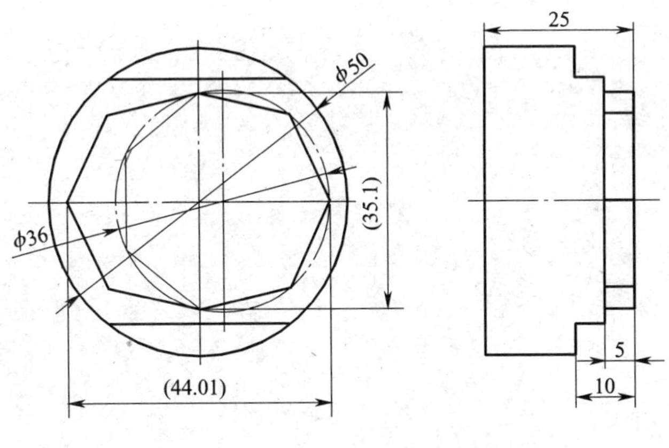

图 6—20　坐标镜像编程技能拓展 2

课后阅读

【三坐标测量机】

三坐标测量机是一种以精密机械为基础，综合应用电子技术、计算机技术、光栅与激光干涉技术等先进技术的检测仪器，如图 6—21 所示。三坐标测量机的主要功能是：可实现空间坐标点的测量，可方便地测量各种零件的三维轮廓尺寸、位置精度，测量精确可靠；由于计算机的引入，可以方便地进行数字运算与程序控制，并具有很高的智能化程度，可实现主动测量和自动测量。

三坐标测量机的功能原理：简而言之，就是在三个互相垂直的方向上有导向机构、测长元件、数显装置，有一个能够放置工件的工作台。测头可以以手动或机动方式轻快地移动到被测点上，由读数设备和数显装置把被测点的坐标值显示出来。利用这种测量机，测量容积里任意一点的坐标值都可通过读数设备和数显装置显示出来。

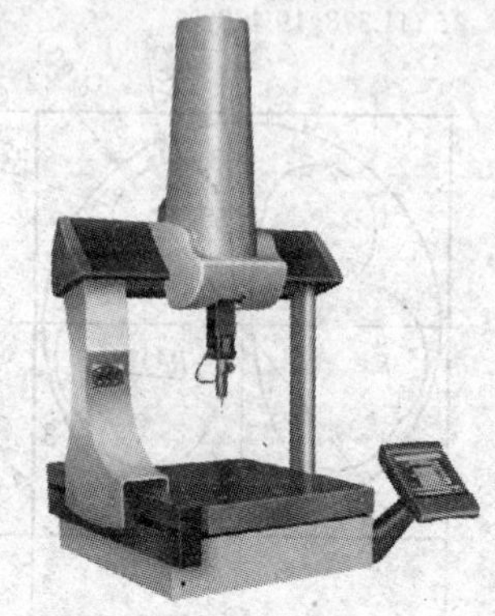

图 6—21　三坐标测量机

测量机的采点发信装置是测头，在沿 X、Y、Z 轴的方向装有光栅尺和读数头。其测量过程就是当测头接触工件并发出采点信号时，由控制系统采集当前三轴坐标相对于原点的坐标值，再由计算机系统对数据进行处理。

项目七

宏程序编程

任务1　多孔加工中的宏程序编程

一、工作任务

本次任务是编写如图7—1所示工件的加工中心加工程序并进行加工，毛坯为100 mm×90 mm×15 mm的45钢。为完成该任务，必须掌握变量、宏程序编程方法等理论知识。

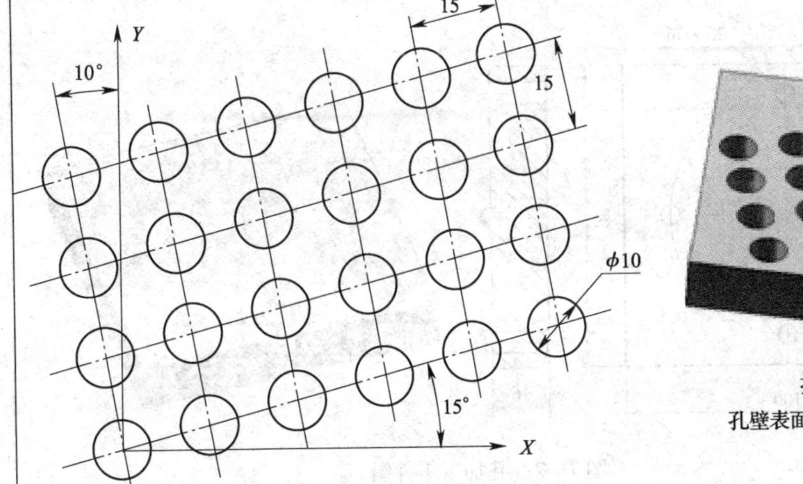

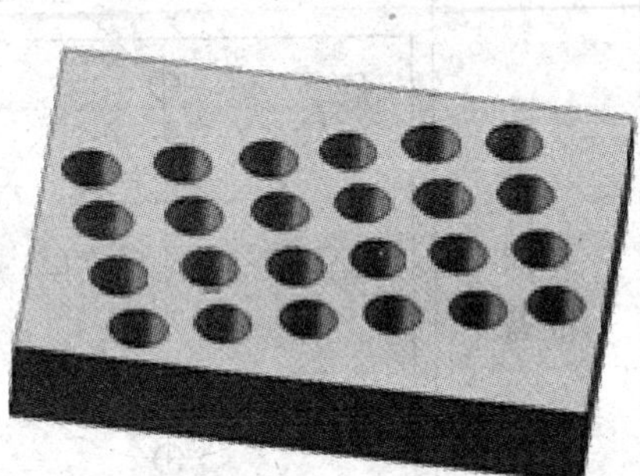

技术要求

孔壁表面粗糙度为Ra3.2 μm。

图7—1　直线均布孔加工宏程序编程实例

二、任务准备

工具、量具、刀具及材料清单见表7—1。

表7—1　　工具、量具、刀具及材料清单

序号	名称	规格	数量	备注
1	游标卡尺	0～150 mm，0.02 mm	1	
2	万能量角器	0～320°，2′	1	
3	百分表	0～10 mm，0.01 mm	1	
4	磁性表座		1	
5	钻头	ϕ10 mm	1	

续表

序号	名称	规格	数量	备注
6	钻夹头		1	
7	钻夹头刀柄	ST50 - Z16 - 45	1	
8	平口钳	200 mm	1	
9	材料	100 mm × 90 mm × 15 mm，45 钢	1	
10	辅具	锉刀、垫铁、活扳手、压板、螺钉等	1 套	
11	其他	铜棒、铜皮、毛刷、抹布、洗涤剂等常用工具		选用
		计算机、计算器、编程用书等		

三、任务实施

<table>
<tr><th>学习环节</th><th>学习过程和内容</th></tr>
<tr><td>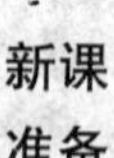
新课准备</td><td>完成如图 7—2 所示零件上四个均布孔加工程序的编制。
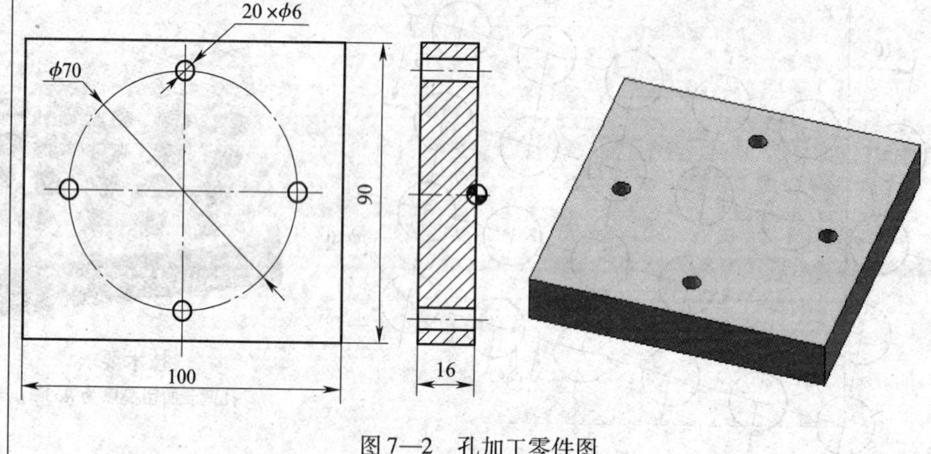

图 7—2　孔加工零件图</td></tr>
<tr><td>理论学习</td><td>1．掌握变量的概念。
◆ 完成如图 7—3 所示四方轮廓的程序编制。
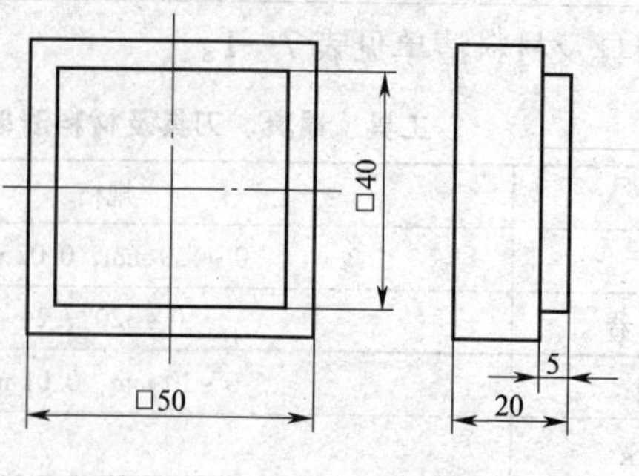

图 7—3　四方轮廓零件图</td></tr>
</table>

◆ 使用变量#101 替代四方轮廓的边长尺寸 40，使程序更加灵活。

2. 掌握宏程序编程。

◆ 描述图 7—2 所示零件上四个均布孔的数学关系。

◆ 根据流程图编制图 7—2 所示零件上四个均布孔加工的宏程序。

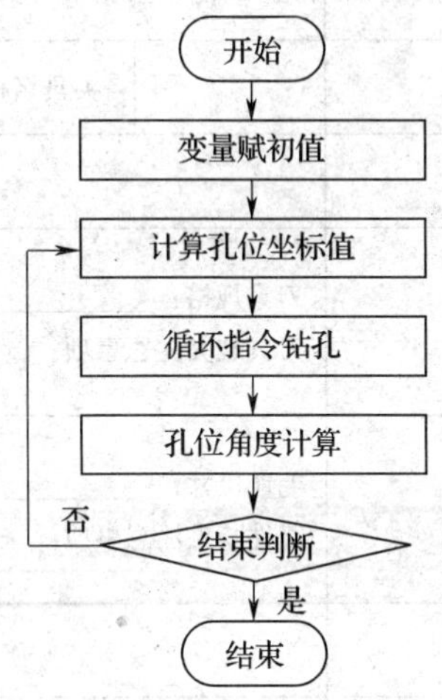

◆ 如果是二十个均布孔应如何处理？

◆ 课堂练习

根据程序，在图 7—4 中画出刀具中心在 *XY* 面内的走刀轨迹。

```
O11;
G94 G40 G80 G54 G90;
M03 S500;
#101 = 10;
G00 X0 Y0;
G01 Z－5.0 F100;
N100 G01 X#101;
Y#101;
#101 =#101 +10;
IF [#101 LE 50] GOTO 100;
G01 Z50.0;
M05;
M30;
```

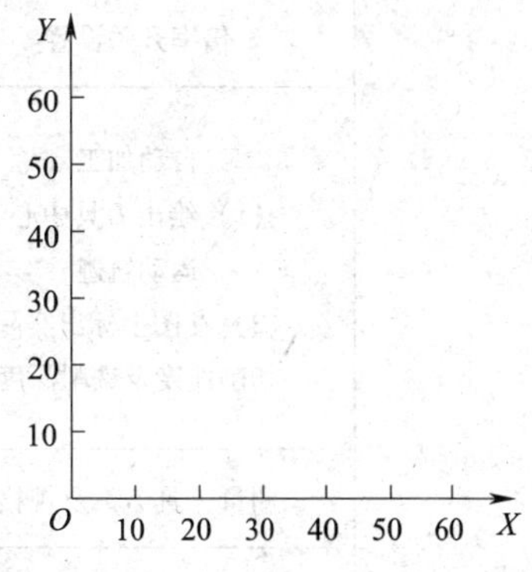

图 7—4 宏程序编程作图题

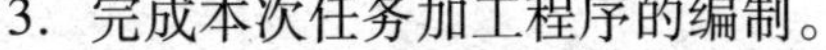

3. 完成本次任务加工程序的编制。

实践操作

完成本任务工件的加工，并填写表 7—2。

提示

输入宏程序时，注意格式，不要输错，特别是“＊，/，[ ]”。

表 7—2　　　　实践过程记录表

加工内容			工件材料		
设备名称		夹具名称		加工起止时间	—
加工步骤	操作过程				
刀具装夹	刀具规格：__________ 刀具装夹注意事项：				
工件装夹	毛坯尺寸：__________ 工件装夹注意事项：				
程序输入					
对刀及参数设置	画出对刀点位置：　　G54 X __________ Y __________ Z __________				
模拟检验					
检验结果分析					
倍率开关设置					
自动加工 （1）绘出刀具中心运动轨迹 （2）在图上标出实际切削速度及铣削深度					
测量工具名称及规格					
分析加工结果					
关机					

思考

如果钻至第三排第四列的孔时钻头折断，如何操作完成后面孔的加工？

四、任务测评

先自己检测完成任务的情况，再与同学互检，合格后交指导老师评分，老师签字后方可进行下一任务的实训。

项目与权重	序号	技术要求	配分	评分标准	检测记录			得分
					自测	互测	实测	
程序与工艺（35%）	1	程序格式规范	10	不规范全扣				
	2	程序正确、完整	5	不正确全扣				
	3	加工工艺合理	10	不合理全扣				
	4	程序编制简洁明了	10	不简洁全扣				
加工操作（45%）	5	孔尺寸精度符合要求	10	不合格全扣				
	6	排孔位置正确	12	不正确全扣				
	7	孔间距正确	12	不正确全扣				
	8	表面粗糙度	11	降一级扣4分				
安全文明生产（20%）	9	操作规范	倒扣	酌情倒扣5～30分				
	10	意外情况处理合理	5	不合理全扣				
	11	机床维护与保养	10	不合格全扣				
	12	工作场所整理	5	不合格全扣				

五、拓展练习

1. 试在加工中心上完成如图7—5所示环形阵列孔的编程与加工（已知毛坯尺寸为120 mm×120 mm×20 mm）。

（1）列出选用的刀具规格。

（2）设定工件原点，编写程序。

（3）完成零件的加工及测量。

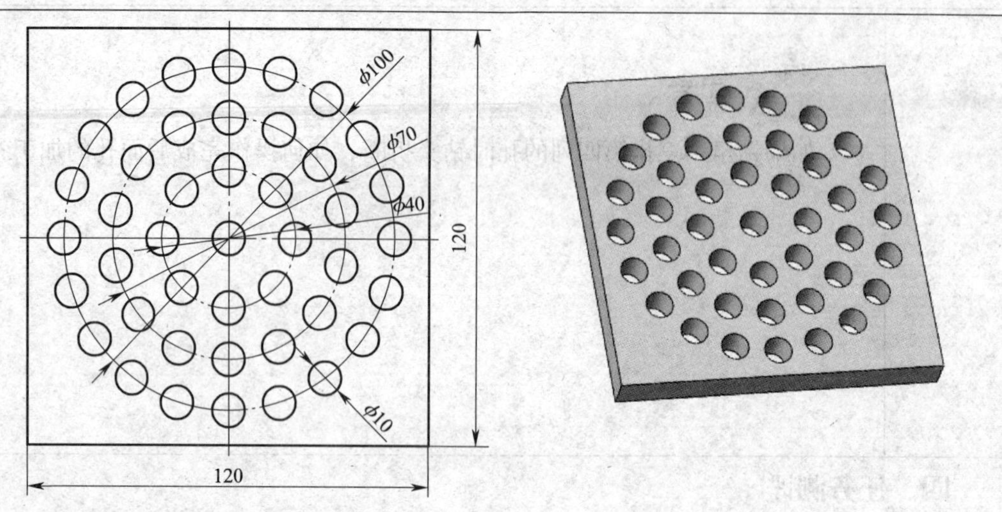

图 7—5 阵列孔宏程序编程加工技能拓展 1

2. 试在加工中心上完成如图 7—6 所示阵列孔的编程与加工（已知毛坯尺寸为 110 mm×110 mm×20 mm）。

（1）列出选用的刀具规格。

（2）设定工件原点，编写程序。

（3）完成零件的加工及测量。

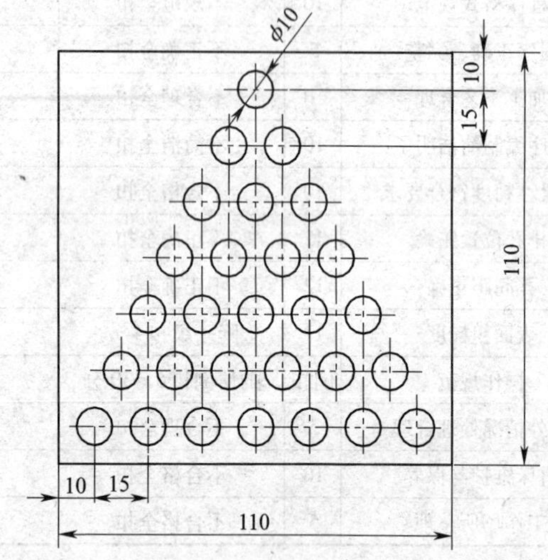

图 7—6 阵列孔宏程序编程加工技能拓展 2

课后阅读

【A 类宏程序】

A 类宏程序主要适用于 FANUC 0M 系统、国产系统等较早版本的数控系统。该类数控系统的操作面板上没有“+”“-”“*”“/”等符号，无法对这些符号进行输入及使用这些符号进行数学运算。

A 类宏程序的运算和转移指令见表 7—3。

表 7—3　　A 类宏程序的运算和转移指令

指令	H 码	功能	定义
G65	H01	定义、替换	#I = #j
G65	H02	加	#I = #j + #k
G65	H03	减	#I = #j - #k
G65	H04	乘	#I = #j × #k
G65	H05	除	#I = #j ÷ #k
G65	H11	逻辑或	#I = #j　OR　#k
G65	H12	逻辑与	#I = #j　AND　#k
G65	H13	异或	#I = #j　XOR　#k
G65	H21	平方根	$\#I = \sqrt{\#j}$
G65	H22	绝对值	#I = |#j|
G65	H23	求余	#I = #j - trunc（#j ÷ #k）× #k
G65	H24	十进制码变为二进制码	#I = BIN（#j）
G65	H25	二进制码变为十进制码	#I = BCD（#j）
G65	H26	复合乘/除	#I =（#i × #j）÷ #k
G65	H27	复合平方根 1	$\#I = \sqrt{\#j^2 + \#k^2}$
G65	H28	复合平方根 2	$\#I = \sqrt{\#j^2 - \#k^2}$
G65	H31	正弦	#I = #j × SIN（#k）
G65	H32	余弦	#I = #j × COS（#k）
G65	H33	正切	#I = #j × TAN（#k）
G65	H34	反正切	#I = ATAN（#j/#k）
G65	H80	无条件转移	GOTO n
G65	H81	条件转移 1（EQ）	IF #j = #k，GOTO n
G65	H82	条件转移 2（NE）	IF #j ≠ #k，GOTO n
G65	H83	条件转移 3（GT）	IF #j > #k，GOTO n
G65	H84	条件转移 4（LT）	IF #j < #k，GOTO n
G65	H85	条件转移 5（GE）	IF #j ≥ #k，GOTO n
G65	H86	条件转移 6（LE）	IF #j ≤ #k，GOTO n
G65	H99	产生 P/S 报警	P/S 报警号 500 + n 出现

1. 宏程序的运算指令

例 1　“G65 H02 P #100 Q #101 R #102;”表示#100 = #101 + #102。

例 2　若#100 = 35，#101 = 10，#102 = 5 依次执行如下指令，其运算结果如下：

110 = # 100 ÷ # 101;　　结果为 3；小数点后的数值被舍去。

111 = # 110 × # 102;　　结果为 15。

120 = # 100 × # 102;　　结果为 175。

＃121 =＃120 ÷＃101；　　结果为 17。

2．宏程序的转移指令

（1）无条件转移 G65 H80 Pn；（n：目标程序段号）

例　G65 H80 P120；

该程序段指令无条件转移到 N120 程序段。

（2）有条件转移 G65 H8m Pn Q#J R#K；

例　G65 H84 P1000 Q#201 R#202；

当#201 < #202 时，转移到 N1000 程序段；当#201 ≥ #202 时，程序继续执行。

任务 2　多轮廓加工中的宏程序编程

一、工作任务

本次任务采用 ϕ8 mm 的键槽铣刀加工如图 7—7 所示的网格形内型腔，毛坯为 185. 26 mm × 185. 26 mm × 30 mm 的 45 钢，试编写加工程序并进行加工。为完成该任务，必须掌握坐标系旋转中的宏程序编制方法、坐标平移中的宏程序编制方法等理论知识。

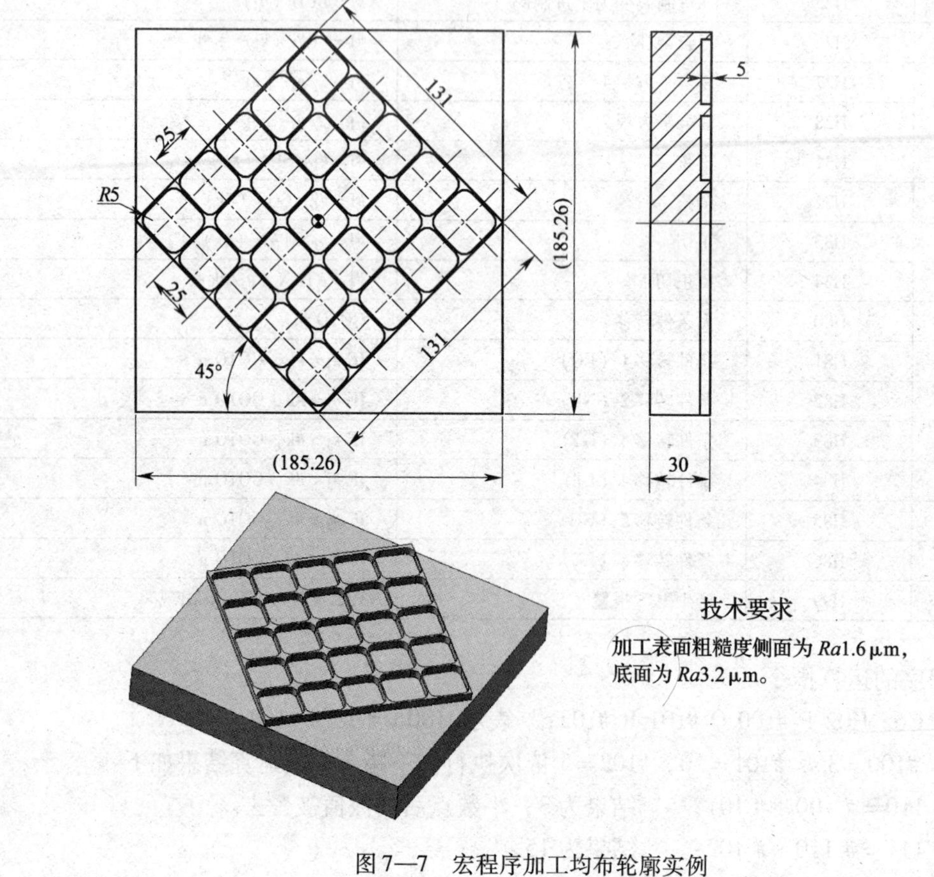

图 7—7　宏程序加工均布轮廓实例

二、任务准备

工具、量具、刀具及材料清单见表 7—4。

表 7—4　　　　工具、量具、刀具及材料清单

序号	名称	规格	数量	备注
1	游标卡尺	0 ~ 150 mm，0.02 mm	1	
2	万能量角器	0 ~ 320°，2′	1	
3	百分表	0 ~ 10 mm，0.01 mm	1	
4	磁性表座		1	
5	键槽铣刀	ϕ8 mm	1	
6	强力夹头刀柄	BT40 – C22 – 95	1	
7	弹簧夹头	ϕ8 mm	1	
8	平口钳	200 mm	1	
9	材料	185.26 mm × 185.26 mm × 30 mm，45 钢	1	
10	辅具	锉刀、垫铁、活扳手、压板、螺钉等	1 套	
11	其他	铜棒、铜皮、毛刷、抹布、洗涤剂等常用工具		选用
		计算机、计算器、编程用书等		

三、任务实施

学习环节	学习过程和内容
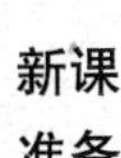 新课准备	绘制如图 7—8 所示零件孔加工宏程序流程图，并根据流程图写出孔加工宏程序。 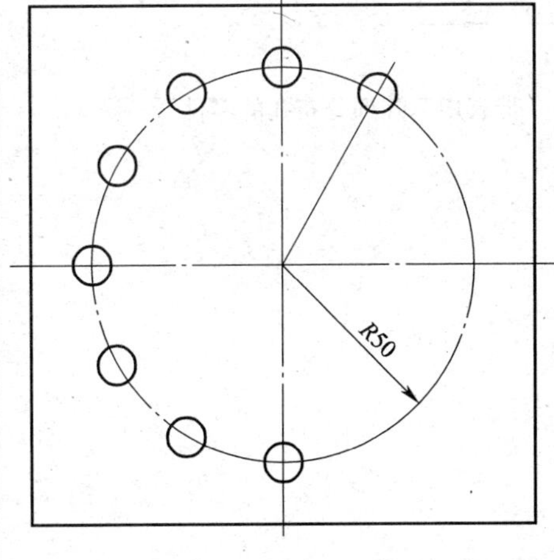  图 7—8　要求绘制流程图并编程的零件图样

理论学习	1. 掌握环形阵列分布孔的宏程序编制方法。 以主教材图7—5所示零件为例： ◆ 简单分析加工要求。 ◆ 编写宏程序流程图。 ◆ 编写凹槽加工部分程序。 ◆ 编写凹槽控制部分程序。 2. 掌握矩形阵列分布孔的宏程序编制方法。 以图7—9所示零件为例： 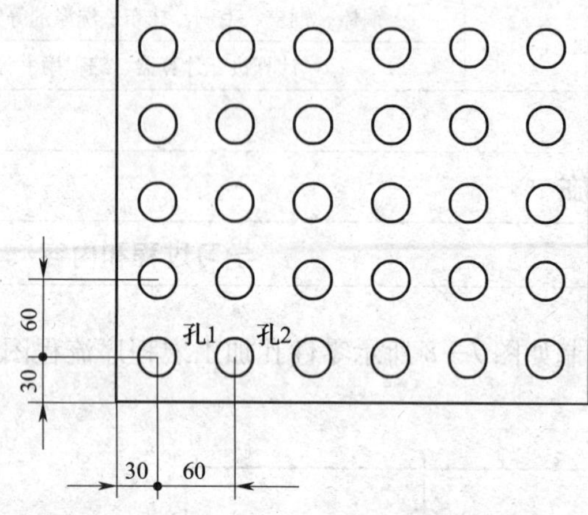 图7—9　带有矩形阵列分布孔的零件 ◆ 简单分析加工要求。 ◆ 编写宏程序流程图。 ◆ 钻孔程序编写。 ◆ 矩形阵列分布孔加工控制部分程序编写。

3. 编写本次加工任务中凹槽加工控制部分流程图。

4. 掌握螺纹加工过程中的宏程序编程。

5. 完成本次任务加工程序的编制。

实践操作

完成本任务工件的加工，并填写表 7—5。

表 7—5　　实践过程记录表

<table>
<tr><td colspan="2">加工内容</td><td colspan="2"></td><td>工件材料</td><td colspan="2"></td></tr>
<tr><td colspan="2">设备名称</td><td></td><td>夹具名称</td><td></td><td>加工起止时间</td><td>—</td></tr>
<tr><td colspan="2">加工步骤</td><td colspan="5">操作过程</td></tr>
<tr><td colspan="2">刀具装夹</td><td colspan="5">刀具规格：____________________
刀具装夹注意事项：</td></tr>
<tr><td colspan="2">工件装夹</td><td colspan="5">毛坯尺寸：__________
工件装夹注意事项：</td></tr>
<tr><td rowspan="6">粗加工</td><td>加工程序</td><td colspan="5"></td></tr>
<tr><td>刀具相应
参数设置</td><td colspan="5">D __
G54 X __ Y __ Z __</td></tr>
<tr><td>模拟检验
结果分析</td><td colspan="5"></td></tr>
<tr><td>加工路线绘制，
并标出切削速度</td><td colspan="5"></td></tr>
<tr><td>测量工具</td><td colspan="5"></td></tr>
<tr><td>分析加工结果</td><td colspan="5"></td></tr>
</table>

续表

精加工	加工程序	
	刀具相应参数设置	
	模拟检验结果分析	
	加工路线绘制，并标出切削速度	
	测量工具	
	分析加工结果	

思考

如果加工最中心的轮廓时铣刀折断，应如何操作完成后面轮廓的加工？

四、任务测评

先自己检测完成任务的情况，再与同学互检，合格后交指导老师评分，老师签字后方可进行下一任务的实训。

项目与权重	序号	技术要求	配分	评分标准	检测记录			得分
					自测	互测	实测	
程序与工艺（35%）	1	程序格式规范	10	不规范全扣				
	2	程序正确、完整	5	不正确全扣				
	3	加工工艺合理	10	不合理全扣				
	4	程序编制简洁明了	10	不简洁全扣				
加工操作（45%）	5	内型腔尺寸精度符合要求	10	不合格全扣				
	6	内型腔位置正确	12	不合格全扣				
	7	内型腔间距正确	12	不合格全扣				
	8	表面粗糙度	11	降一级扣4分				

续表

项目与权重	序号	技术要求	配分	评分标准	检测记录			得分
					自测	互测	实测	
安全文明生产（20%）	9	操作规范	倒扣	酌情倒扣 5 ~ 30 分				
	10	意外情况处理合理	5	不合理全扣				
	11	机床维护与保养	10	不合格全扣				
	12	工作场所整理	5	不合格全扣				

五、拓展练习

试在加工中心上完成如图 7—10 所示工件的编程与加工（已知毛坯尺寸为 ϕ150 mm × 30 mm）。

1. 列出选用的刀具规格。
2. 设定工件原点，编写程序。
3. 完成零件的加工及测量。

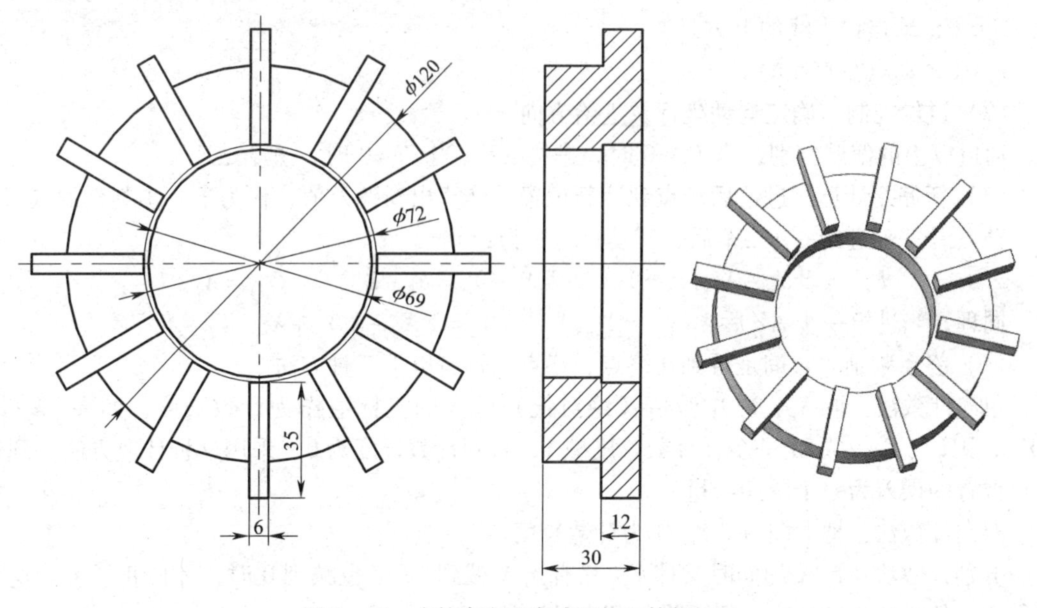

图 7—10　多轮廓宏程序编程加工技能拓展

课后阅读

【插补原理简介】

在轮廓加工中，刀具必须严格、准确地按零件轮廓曲线运动，插补运算的任务就是在已知加工轨迹曲线的起点和终点进行“数据的密化”。因此，插补是在每个插补周期内，根据指令、进给速度计算出一个微小直线段数据，刀具沿微小直线段运动，经过若干个插补周期后，刀具从起点到终点，完成轮廓的加工。

微小直线段坐标分量的计算主要有以下几种方法，即逐点比较插补法、数字积分插补法、时间分割插补法和样条插补计算法。所有轮廓曲线均可由直线、圆弧逼近形成。当前，先进的数控机床还具有抛物线、渐开线、椭圆的插补功能。

【逐点比较法插补原理】

逐点比较法是一种逐点计算、判别偏差并纠正逼近理论轨迹的方法，在插补过程中，每走一步都要完成四个节拍，即偏差判别、进给控制、新偏差判别、终点判别。

如图 7—11 所示，定直线起点为坐标原点，终点坐标为 I_e（X_e，Y_e），动点坐标为 I（X_i，Y_i）。若每走一步在 X 或 Y 方向进给一个脉冲当量，则插补过程如下：

（1）偏差判别　判别当前运动点偏离理论曲线的位置。

直线的方程表达式为：$Y/X = Y_e/X_e$

动点 I 在直线上的位置的判别方程式为：$F_i = Y_iX_e - X_iY_e$

$F_i = 0$，动点在直线上。

$F_i > 0$，动点在直线的上方。

$F_i < 0$，动点在直线的下方。

（2）进给控制　确定运动坐标及进给方向。

通过以上的偏差判别，当 $F_i \geqslant 0$ 时，进给 ΔX；当 $F_i < 0$ 时，进给 ΔY。

（3）新偏差计算　进给后动点到达新位置，计算出新偏差值，作为下一步判别的依据。

动点沿 X 轴进给一步 ΔX 后，其动点坐标为：

$$F_{i+1} = Y_iX_e - X_{i+1}Y_e = Y_iX_e - X_iY_e - Y_e = F_i - Y_e \qquad X_{i+1} = X_i + 1$$

同理，当进给一步 ΔY 后，$F_{i+1} = Y_{i+1}X_e - X_iY_e = Y_iX_e - X_iY_e + X_e = F_i + X_e$

（4）终点判别　查询是否到达终点，终点判别有以下三种方法。

单向计数法：取 X_e、Y_e 中数值（绝对值）较大的坐标值作为计数长度，如果 $|X| > |Y|$，则计 $|X|$，X_i 走一步，计数长度减 1，直到计数长度为 0。采用这种计数方法，到达终点位置的误差为一个脉冲当量。

双向计数法：把 $|X| + |Y|$ 作为计数长度。

分别计数法：计 X 的同时又计 Y。只有当 X 减到 0，Y 也减到 0 时，才停止插补。这种计数方法的插补精度较高，但要设置两个计数器。

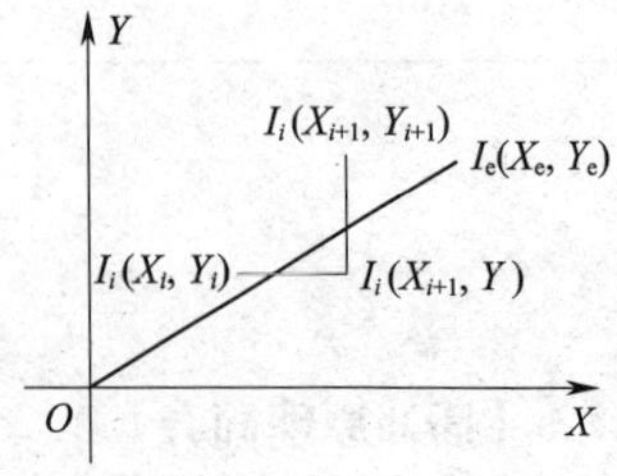

图 7—11　第一象限直线插补

任务3　非圆曲线加工中的宏程序编程

一、工作任务

本次任务是编写如图7—12所示工件的数控铣加工程序并进行加工，毛坯为80 mm×60 mm×15 mm的45钢。为完成该任务，必须掌握非圆曲线的拟合方法、规则曲面的拟合方法等理论知识。

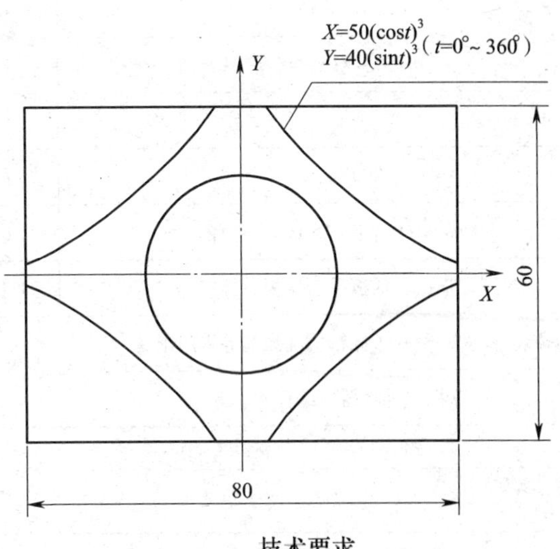

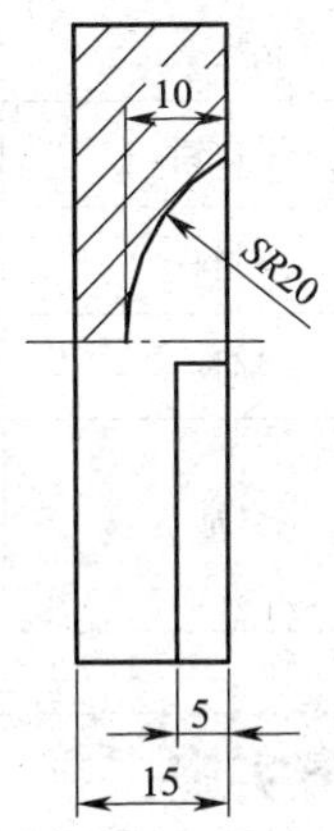

技术要求

加工表面粗糙度侧面为Ra1.6μm，底面与凹球面为Ra3.2μm。

图7—12　非圆曲线及规则曲面宏程序编程实例

二、任务准备

工具、量具、刀具及材料清单见表7—6。

表7—6　　工具、量具、刀具及材料清单

序号	名称	规格	数量	备注
1	游标卡尺	0～150 mm，0.02 mm	1	
2	轮廓样板	星形曲线	1	
3	半径样板	R15～25 mm	各1	
4	百分表	0～10 mm，0.01 mm	1	
5	磁性表座		1	
6	中心钻	A2.5	1	

续表

序号	名称	规格	数量	备注
7	钻头	ϕ29 mm	1	
8	球头铣刀	R8 mm	1	
9	立铣刀	ϕ16 mm	1	
10	强力夹头刀柄	BT40－C22－95	1	
11	弹簧夹头	ϕ16 mm	1	
12	钻夹头刀柄	ST50－Z16－45	1	
13	钻夹头		1	
14	平口钳	200 mm	1	
15	材料	80 mm×60 mm×15 mm，45 钢	1	
16	辅具	锉刀、垫铁、活扳手、压板、螺钉等	1 套	
17	其他	铜棒、铜皮、毛刷、抹布、洗涤剂等常用工具		选用
		计算机、计算器、编程用书等		

三、任务实施

学习环节	学习过程和内容
新课准备	根据图 7—13a 所示的提示信息思考流程图 7—13b 的含义。 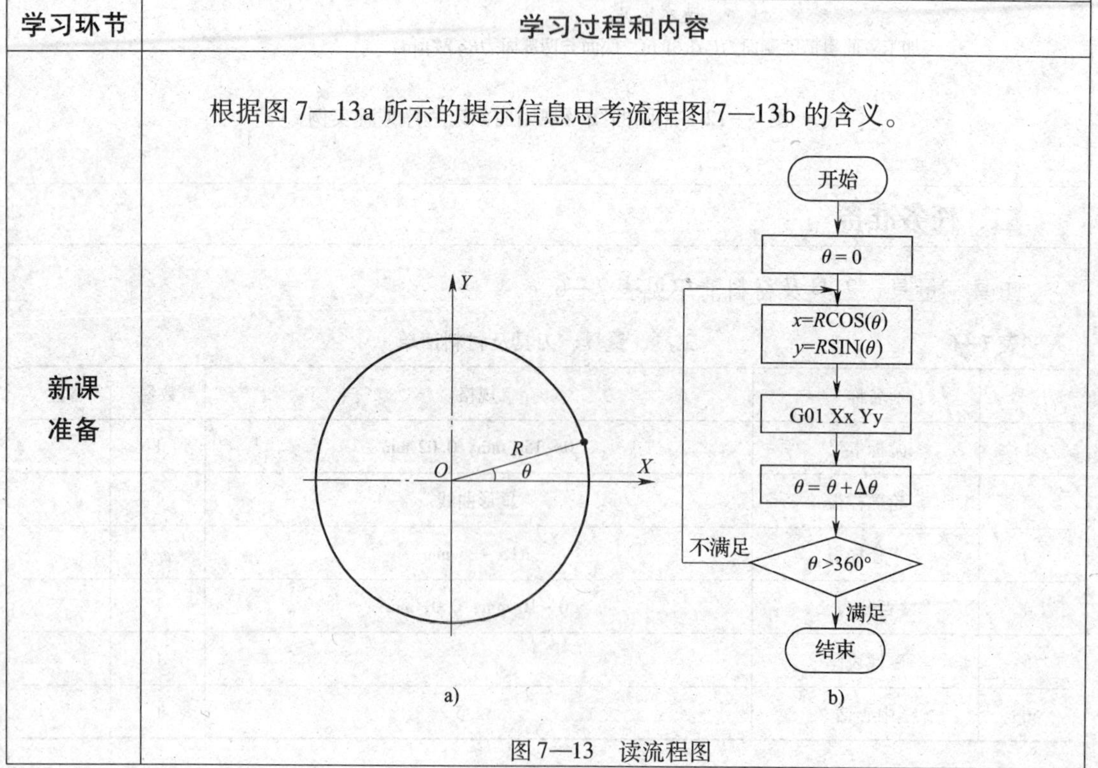 图 7—13　读流程图

理论学习

1．掌握非圆曲线轮廓编程方法。

（1）绘制非圆曲线轮廓编程一般流程图。

（2）编程实例分析。

1）椭圆轮廓加工编程分析。

◆ 思考椭圆轮廓的数学表达式。

2）正弦曲线轮廓加工编程分析。

◆ 思考正弦曲线的数学表达式。

2．掌握规则曲面编程方法。

3．完成本次任务加工程序的编制。

实践操作

完成本任务工件的加工，并填写表 7—7。

提示

对刀时注意球头铣刀的对刀点与程序编制中使用的刀位点要一致。

表 7—7　　实践过程记录表

<table>
<tr><td>加工内容</td><td colspan="2"></td><td>工件材料</td><td colspan="2"></td></tr>
<tr><td>设备名称</td><td></td><td>夹具名称</td><td></td><td>加工起止时间</td><td>—</td></tr>
<tr><td>加工步骤</td><td colspan="5">操作过程</td></tr>
<tr><td>刀具装夹</td><td colspan="5"></td></tr>
<tr><td>工件装夹</td><td colspan="5"></td></tr>
<tr><td>加工内容</td><td></td><td></td><td colspan="2"></td><td></td></tr>
<tr><td>程序名及程序段号</td><td></td><td></td><td colspan="2"></td><td></td></tr>
<tr><td>刀具相应参数设置</td><td></td><td></td><td colspan="2"></td><td></td></tr>
<tr><td>模拟检验结果分析</td><td></td><td></td><td colspan="2"></td><td></td></tr>
<tr><td>加工路线绘制，
并标出切削速度</td><td></td><td></td><td colspan="2"></td><td></td></tr>
</table>

测量工具				
分析加工结果				

思考

对程序中的变量#100 与#111，其增量值变大或变小对工件轮廓有什么影响？一般增量值大小设置的依据是什么？

四、任务测评

先自己检测完成任务的情况，再与同学互检，合格后交指导老师评分，老师签字后方可进行下一任务的实训。

项目与权重	序号	技术要求	配分	评分标准	检测记录			得分
					自测	互测	实测	
程序与工艺（35%）	1	程序格式规范	10	不规范全扣				
	2	程序正确、完整	5	不正确全扣				
	3	加工工艺合理	10	不合理全扣				
	4	程序编制简洁明了	10	不简洁全扣				
加工操作（45%）	5	函数曲线轮廓正确	10	不合格全扣				
	6	函数曲线光滑	6	不合格全扣				
	7	内球面轮廓正确	10	不合格全扣				
	8	内球面光滑	6	不合格全扣				
	9	轮廓深度正确	8	不合格全扣				
	10	底平面表面粗糙度	5	降一级扣 3 分				
安全文明生产（20%）	11	操作规范	倒扣	酌情倒扣 5 ~30 分				
	12	意外情况处理合理	5	不合理全扣				
	13	机床维护与保养	10	不合格全扣				
	14	工作场所整理	5	不合格全扣				

五、拓展练习

1. 试在加工中心上完成如图 7—14 所示工件的编程与加工（已知毛坯尺寸为 70 mm × 64 mm × 20 mm）。

（1）列出选用的刀具规格。

（2）设定工件原点，编写程序。

（3）完成零件的加工及测量。

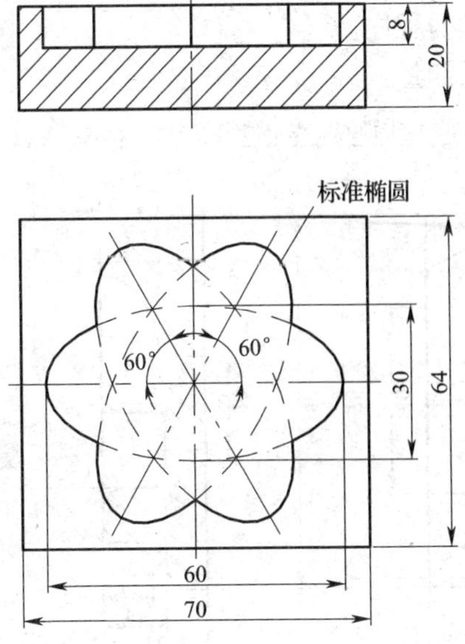

图 7—14　公式曲线宏程序编程加工技能拓展 1

2．试在加工中心上完成如图 7—15 所示工件的编程与加工（已知毛坯尺寸为 120 mm × 120 mm × 5 mm）。

（1）列出选用的刀具规格。

（2）设定工件原点，编写程序。

（3）完成零件的加工及测量。

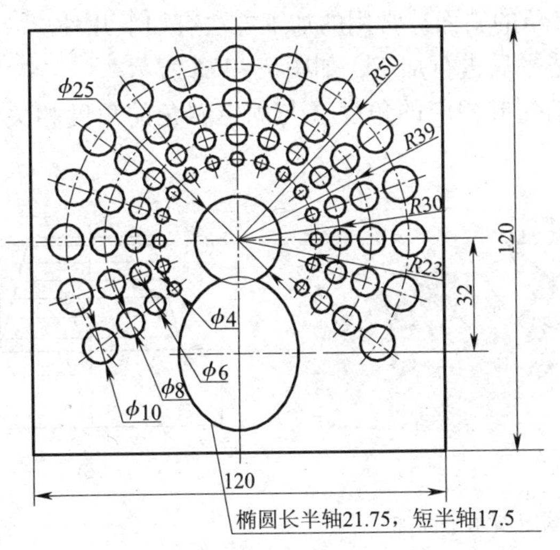

图 7—15　公式曲线宏程序编程加工技能拓展 2

3．试在加工中心上完成如图 7—16 所示工件的编程与加工（已知毛坯尺寸为 80 mm × 80 mm × 23 mm）。

（1）列出选用的刀具规格。

（2）设定工件原点，编写程序。

（3）完成零件的加工及测量。

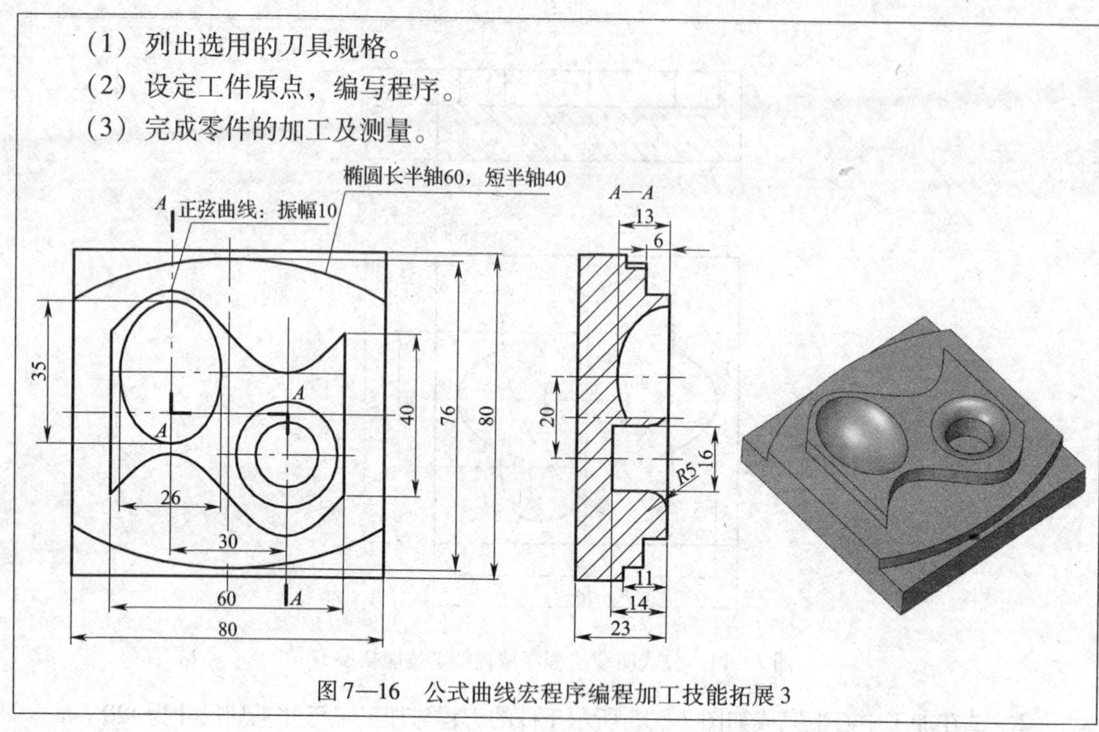

图 7—16　公式曲线宏程序编程加工技能拓展 3

课后阅读

【固定斜角平面加工方法】

固定斜角平面是指与水平面成一固定夹角的斜面。常用的加工方法有如下几种。

（1）当零件尺寸不大时，可用斜垫铁垫平后进行加工，如图 7—17a 所示。

（2）当机床主轴可以摆动时，可将主轴摆成相应的角度（与固定斜角的角度相关）进行加工，如图 7—17b 所示。

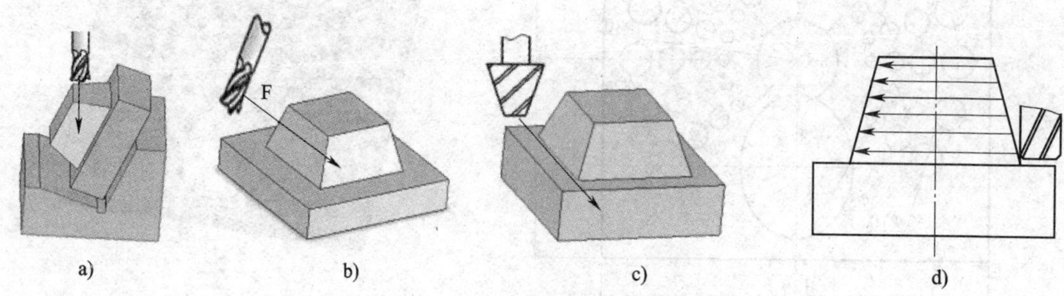

图 7—17　固定斜角平面加工

（3）当零件批量较大时，可采用专用的角度成形铣刀进行加工，如图 7—17c 所示。

（4）当以上加工方法均不能实现时，可采用三坐标加工中心，利用立铣刀、球头铣刀或鼓形铣刀，以直线或圆弧插补形式进行分层铣削加工，如图 7—17d 所示，并用其他加工方式（如钳加工）清除残留面积。

项目八

Mastercam X 自动编程简介

任务1　轮廓铣削自动编程

一、工作任务

本次任务是采用 Mastercam X Mill 软件完成如图 8—1 所示工件的建模、生成刀具路径、后置处理生成 G 代码。

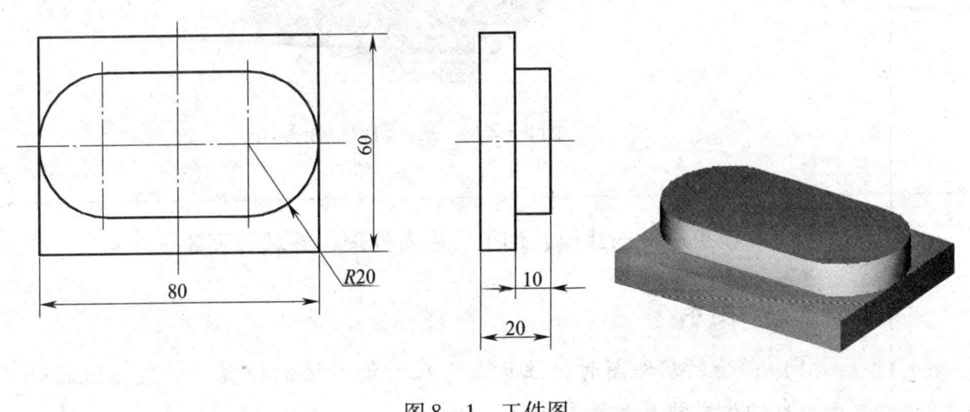

图 8—1　工件图

二、任务实施

学习环节	学习过程和内容
新课准备	思考手工编程的适用场合及一般过程。
理论学习	1. 了解自动编程技术及软件。 2. 了解 Mastercam X 软件界面。 3. 掌握轮廓铣削自动编程过程。 ◆ 课堂练习 完成如图 8—2 所示加工零件的建模。

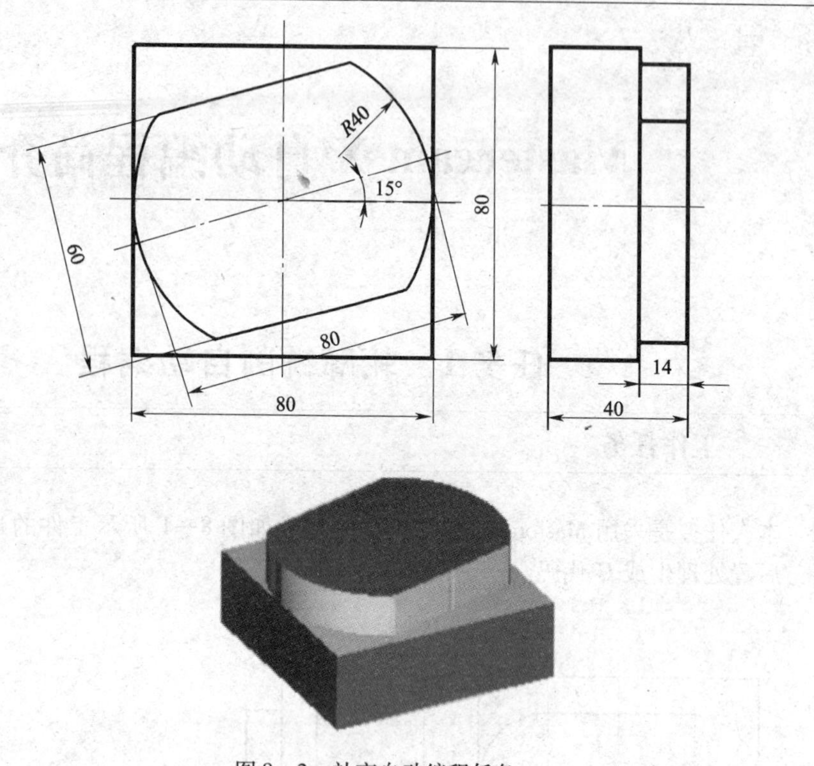

图 8—2　补充自动编程任务

实践操作

完成本任务工件的建模、加工、后置处理，并填写表 8—1。

提示

（1）在绘制零件图时，注意图形位于绘图区的位置。一般系统默认绘图原点为自动生成程序的编程原点。

（2）充分利用视图功能“　”，方便绘图。

（3）利用命令提示正确操作。

（4）绘图时避免有断点、重合线。

表 8—1　　　　**实践过程记录表**

自动编程加工内容			工件材料		
设备名称		夹具名称		加工起止时间	—
加工步骤	操作过程				
实体建模					
设定工件毛坯	毛坯尺寸：________				

续表

选择铣削方式	
设置刀具与刀具参数	
设置外形铣削参数	刀具规格：__________
生成刀具路径	
实体切削验证	
后置处理生成加工程序	
保存文件	

思考

计算机编制程序与手工编制程序有何区别?

三、任务测评

先自己检测完成任务的情况，再与同学互检，合格后交指导老师评分，老师签字后方可进行下一任务的实训。

项目与权重	序号	技术要求	配分	评分标准	检测记录			得分
					自测	互测	实测	
纪律（30%）	1	准时到达机房	5	迟到全扣				
	2	工具齐全	5	不合格全扣				
	3	练习过程专注认真	20	不认真全扣				
计算机操作熟练（50%）	4	实体建模	10	根据熟练程度酌情扣分				
	5	设定工件毛坯	10	根据熟练程度酌情扣分				
	6	设置刀具	10	根据熟练程度酌情扣分				
	7	设置外形铣削参数	10	根据熟练程度酌情扣分				
	8	生成加工程序	10	根据熟练程度酌情扣分				
安全文明（20%）	9	爱护计算机设备	10	不爱护全扣				
	10	卫生	10	不合格全扣				

四、拓展练习

1. 完成项目四任务 1 加工零件的建模，并进行自动编程，生成 NC 程序。
2. 完成项目四任务 2 加工零件的建模，并进行自动编程，生成 NC 程序。
3. 完成项目六任务 1 加工零件的建模，并进行自动编程，生成 NC 程序。

课后阅读

【自动编程简介】

1. 自动编程的定义与特点

自动编程又称为计算机辅助编程，它是指利用计算机（含外围设备）和相应的前置、后置处理程序对零件源程序或几何造型进行处理，以得到加工程序和数控工艺文档的一种编程方法。

自动编程时，编程人员只需根据图样的要求，使用数控语言编写出零件加工源程序，输入计算机，由主计算机自动地进行数值计算、后置处理，编写出零件加工程序单，直至自动生成加工代码。

2. 自动编程的种类

自动编程根据编程信息的输入与计算机对信息的处理方式不同，可分为以语言为基础的自动编程方式和以计算机绘图为基础的图形交互式编程方式。

以语言为基础的自动编程方法，在编程时，编程人员依据所用数控语言的编程手册以及零件图样，以语言的形式表达出加工的全部内容，然后再把这些内容全部输入到计算机中进行处理，制作出可以直接用于数控机床的 NC 加工程序。以 APT（Auto - matically Programmed Tools）语言自动编程系统为例，其处理过程可分成编写零件源程序、计算机编译处理、生成加工代码三个部分。

图形交互式自动编程是建立在 CAD/CAM 的基础上的。通常利用 CAD/CAM 软件先将零件的几何图形绘制到计算机上，形成图形文件，然后调用数控编程模块，采用人机交互方式输入相应的加工工艺参数后，计算机即可自动生成加工程序。图形交互式编程具有编程效率高、编程精度高、直观性好、可靠性高的特点，编程过程中的数值计算由计算机自动进行，减少了编程时间。因此，图形交互式编程已成为国内外最为普遍的一种自动编程方式。

任务 2 曲面铣削自动编程

一、工作任务

本次任务是用自动编程方式编制如图 8—3 所示零件的加工中心加工程序（已知毛坯尺寸为 100 mm × 100 mm × 30 mm，材料为 45 钢）。

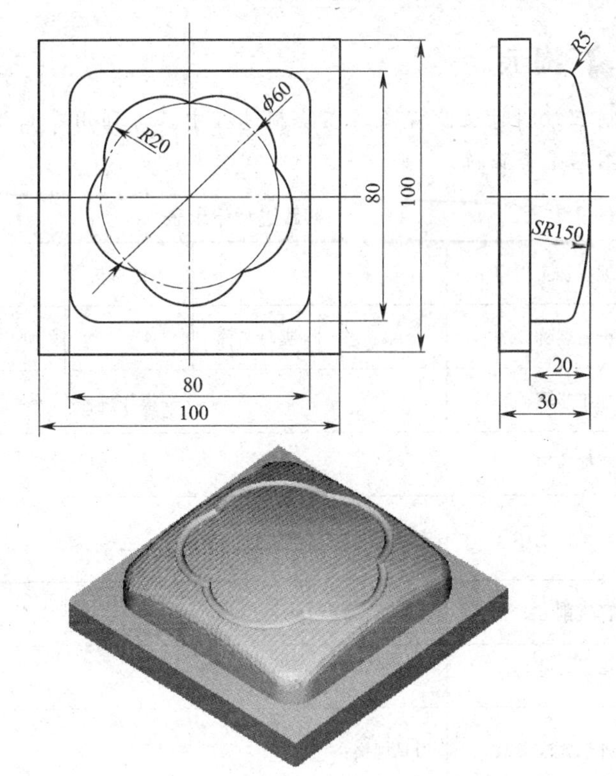

图 8—3　曲面加工实例

二、任务实施

学习环节	学习过程和内容
新课准备	思考自动编程包括哪些步骤。
理论学习	1. 了解关于产品造型的方法。 （1）了解实体造型。 （2）了解曲面造型。 2. 了解曲面加工类型。 （1）了解曲面粗加工方法。 （2）了解曲面精加工方法。 3. 掌握本次任务加工零件的建模过程。 4. 掌握本次任务加工零件的后置处理过程。

实践操作

完成本任务工件程序的编制，并填写表 8—2。

提示

绘制三维图时注意视角。在绘制过程中，可利用等角视图“”来判断所绘制图形是否正确。

表 8—2　　实践过程记录表

自动编程加工内容			工件材料		
设备名称		夹具名称		加工起止时间	—
加工步骤	操作过程				
实体建模					
设定工件毛坯	毛坯尺寸：________				
选择铣削方式					
设置刀具参数					
设置外形铣削参数	刀具规格：________				
生成刀具路径					
实体切削验证					
后置处理生成加工程序					
保存文件					

思考

自动编程与手工编程的区别是什么？

三、任务测评

先自己检测完成任务的情况，再与同学互检，合格后交指导老师评分，老师签字后方可进行下一任务的实训。

项目与权重	序号	技术要求	配分	评分标准	检测记录			得分
					自测	互测	实测	
纪律（30%）	1	准时到达机房	5	迟到全扣				
	2	工具齐全	5	不合格全扣				
	3	练习过程专注认真	20	不认真全扣				
计算机操作熟练（50%）	4	实体建模	20	根据熟练程度酌情扣分				
	5	设定工件毛坯	5	根据熟练程度酌情扣分				
	6	设置刀具	5	根据熟练程度酌情扣分				
	7	设置曲面铣削参数	15	根据熟练程度酌情扣分				
	8	生成加工程序	5	根据熟练程度酌情扣分				
安全文明（20%）	9	爱护计算机设备	10	不爱护全扣				
	10	卫生	10	不合格全扣				

四、拓展练习

用自动编程方式编写如图 8—4 所示零件的加工中心加工程序（已知毛坯尺寸为 120 mm×108 mm×30 mm），鸽子轮廓曲线可采用样条曲线绘制，如图 8—5 所示。

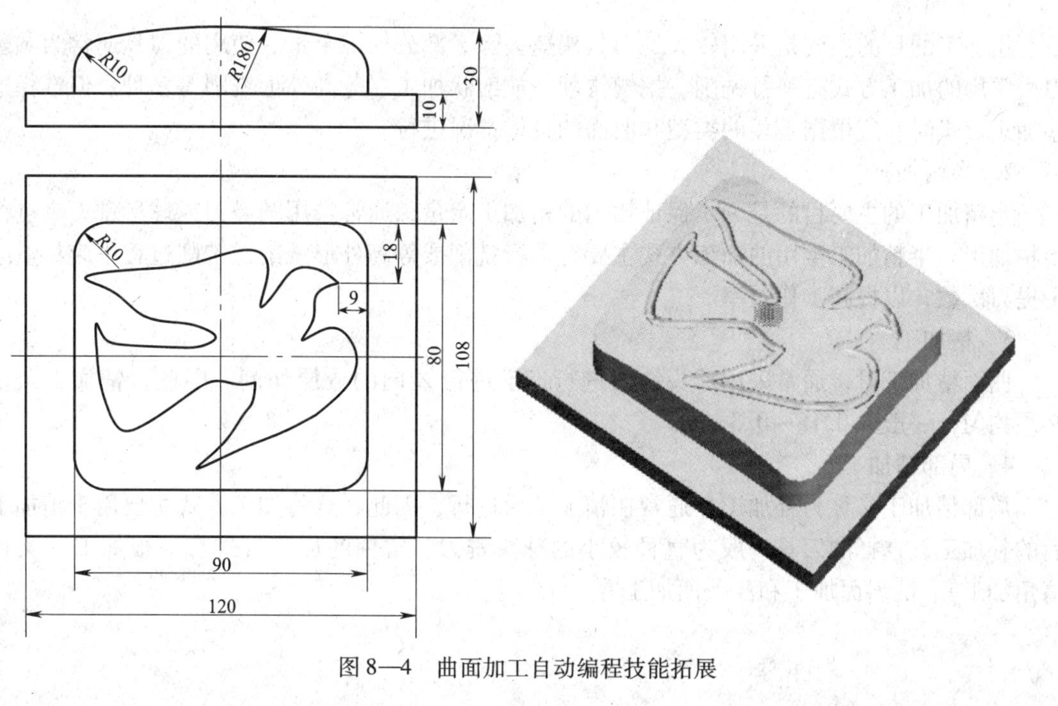

图 8—4　曲面加工自动编程技能拓展

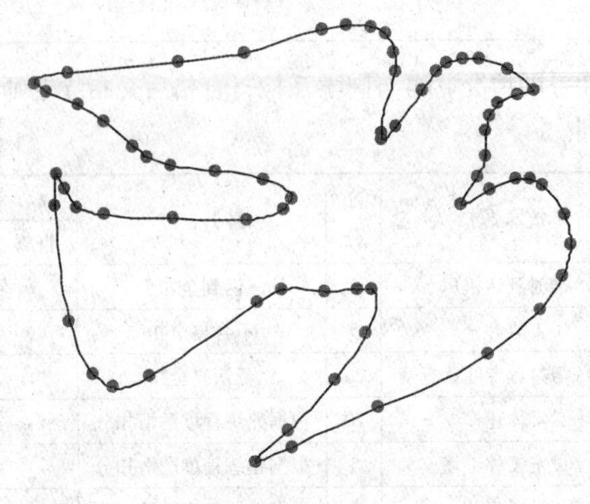

图 8—5　鸽子轮廓曲线

课后阅读

【曲面加工过程】

曲面加工时，一般分为粗加工、半精加工、精加工和局部精加工四种类型。

1．粗加工

粗加工的目的主要是采用较大的刀具快速去除大部分加工余量。使用的刀具通常为圆鼻刀，常用的加工方式有平行铣削、挖槽铣削、放射状加工、等高外形铣削等多种。但选择这些加工形式时，应根据毛坯的类型和曲面的具体情况进行。

2．半精加工

半精加工的主要目的是为了保证均匀的精加工余量，通常选用圆鼻刀或球形铣刀来进行半精加工。半精加工常用的加工方式主要有平行铣削或等高外形铣削，铣削过程中应尽量减少提刀次数，以提高工作效率。

3．精加工

曲面精加工时，通常采用球头铣刀进行，不进行 Z 向的分层切削。因此，精加工余量必须均匀，一般取 0.15 ~0.3 mm。

4．局部精加工

局部精加工又称为补加工，通常在精加工后进行，因此，这种加工方式主要用于精加工后的补加工，选择的刀具一般为直径较小的球头铣刀，常用的加工方式有清根加工（又称清角加工）、陡斜面加工和浅平面加工等。

项目九

典型零件加工实例

任务1　综合实例一

一、工作任务

本次任务是编写如图 9—1 所示工件的加工中心加工程序并进行加工。掌握典型零件图样分析过程、典型零件的加工工艺设计方法。

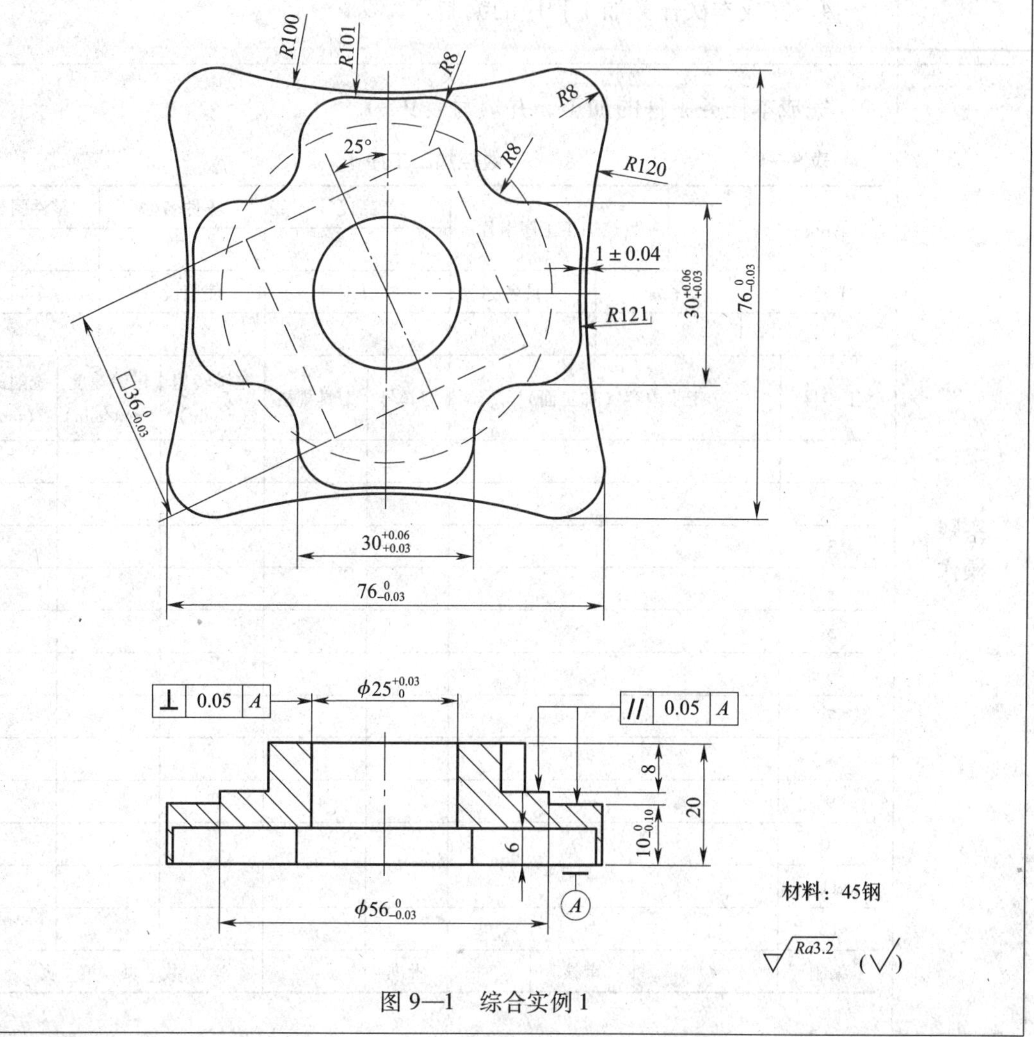

图 9—1　综合实例 1

二、任务准备

工具、量具、刀具及材料清单参见主教材。

三、任务实施

学习环节	学习过程和内容
新课准备	思考前面学习了哪些基本任务。
理论学习	1. 通过讨论本次加工任务的加工内容与要求，掌握零件图样分析的内容。 2. 通过讨论本次加工任务的加工工艺设计，掌握零件的加工工艺设计方法。 3. 思考本次任务的加工程序编制技巧。 4. 完成本次任务加工程序的编制。
实践操作	完成本任务工件的加工，并填写表9—1。

表9—1　　　　数控加工工序卡

<table>
<tr><td rowspan="2">单位：</td><td rowspan="2">数控加工工序卡片</td><td colspan="2">产品代号</td><td colspan="2">零件名称</td><td>零件图号</td></tr>
<tr><td colspan="2"></td><td colspan="2"></td><td></td></tr>
<tr><td>工艺序号</td><td>程序编号</td><td>夹具名称</td><td colspan="2">夹具编号</td><td>使用设备</td><td>车间</td></tr>
<tr><td></td><td></td><td></td><td colspan="2"></td><td></td><td></td></tr>
<tr><td>工步号</td><td>工步内容（加工面）</td><td>刀具号</td><td>刀具规格</td><td>主轴转速（r/min）</td><td>进给速度（mm/min）</td><td>铣削深度（mm）</td></tr>
<tr><td>1</td><td></td><td></td><td></td><td></td><td></td><td></td></tr>
<tr><td>2</td><td></td><td></td><td></td><td></td><td></td><td></td></tr>
<tr><td>3</td><td></td><td></td><td></td><td></td><td></td><td></td></tr>
<tr><td>4</td><td></td><td></td><td></td><td></td><td></td><td></td></tr>
<tr><td>5</td><td></td><td></td><td></td><td></td><td></td><td></td></tr>
<tr><td>6</td><td></td><td></td><td></td><td></td><td></td><td></td></tr>
<tr><td>7</td><td></td><td></td><td></td><td></td><td></td><td></td></tr>
<tr><td>8</td><td></td><td></td><td></td><td></td><td></td><td></td></tr>
<tr><td>9</td><td></td><td></td><td></td><td></td><td></td><td></td></tr>
<tr><td>10</td><td></td><td></td><td></td><td></td><td></td><td></td></tr>
<tr><td>11</td><td></td><td></td><td></td><td></td><td></td><td></td></tr>
<tr><td>12</td><td></td><td></td><td></td><td></td><td></td><td></td></tr>
<tr><td>编制</td><td></td><td>审核</td><td></td><td>批准</td><td></td><td>共__页　第__页</td></tr>
</table>

四、任务测评

先自己检测完成任务的情况，再与同学互检，合格后交指导老师评分，老师签字后方可进行下一任务的实训。

工件编号				总得分			
项目与配分		序号	技术要求	配分	评分标准	检测记录	得分
工件加工评分（80%）	外形轮廓与孔（76）	1	$76^{\ 0}_{-0.03}$ mm	4×2	超差 0.01 mm 扣 1 分		
		2	（1±0.04）mm	4×2	超差 0.01 mm 扣 1 分		
		3	$30^{+0.06}_{+0.03}$ mm	4×2	超差 0.01 mm 扣 1 分		
		4	$10^{\ 0}_{-0.10}$ mm	4	超差 0.02 mm 扣 1 分		
		5	圆弧尺寸正确	4	每错一处扣 1 分		
		6	圆弧光滑连接	4	每错一处扣 2 分		
		7	$\phi25^{+0.03}_{\ 0}$ mm	4	超差 0.01 mm 扣 1 分		
		8	垂直度 0.05 mm	4	超差 0.01 mm 扣 1 分		
		9	$\phi56^{\ 0}_{-0.03}$ mm	4	超差 0.01 mm 扣 1 分		
		10	$36^{\ 0}_{-0.03}$ mm	4×2	超差 0.01 mm 扣 1 分		
		11	平行度 0.05 mm	4×2	超差 0.01 mm 扣 1 分		
		12	25°	4	超差全扣		
		13	$Ra3.2$ μm	8	每错一处扣 1 分		
	其他（4）	14	工件按时完成	—	不超时		
		15	工件无缺陷	4	缺陷一处扣 2 分		
程序与工艺（10%）		16	程序正确合理	5	每错一处扣 2 分		
		17	加工工序卡	5	不合理每处扣 2 分		
机床操作（10%）		18	机床操作规范	5	出错一次扣 2 分		
		19	工件、刀具装夹	5	出错一次扣 2 分		
安全文明生产（倒扣分）		20	安全操作	倒扣	出现安全事故停止操作或酌扣 5～30 分		
		21	机床整理	倒扣			

五、拓展练习

试在加工中心上完成如图 9—2 所示工件的编程与加工（已知毛坯尺寸为 80 mm×80 mm×20 mm）。

1. 编制加工工序卡。
2. 编写程序。
3. 完成零件的加工及测量。

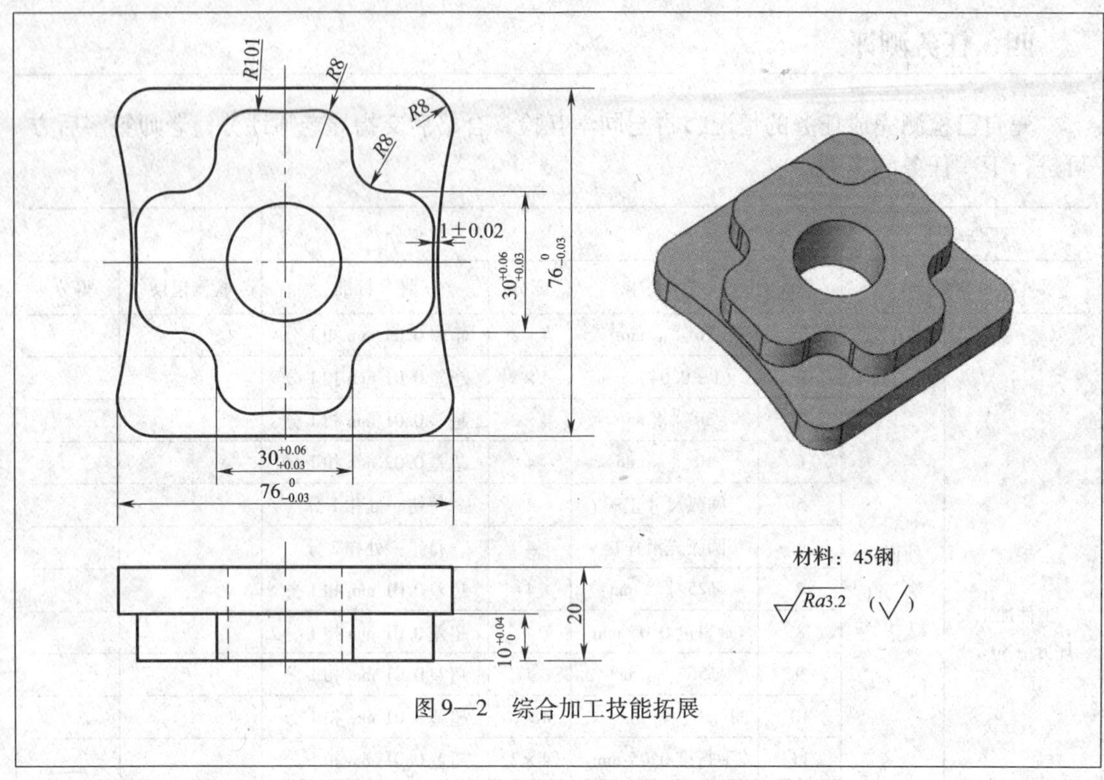

图 9—2　综合加工技能拓展

课后阅读

【高速切削的特点】

高速切削是指其切削速度和进给速度是常规切削速度和进给速度的 5 ~ 20 倍的一种切削加工技术。实践证明，当切削速度和进给速度提高 10 倍后，其切削机理会发生根本的变化，使切削过程中的单位功率金属切除率提高 30% ~ 40%、切削力则降低 30%、刀具的切削寿命提高 70%、切削热大大降低、切削振动几乎消失，从而使切削加工发生了质的飞跃。因此，高速切削加工技术在薄壁零件、对温度敏感的零件和难加工材料零件的加工中得到了广泛的应用。

采用高速切削技术时，根据切削加工方式和加工材料确定的切削速度范围见表 9—2。

表 9—2　　高速切削的速度范围　　mm/min

工件材料	切削速度范围	工艺方法	切削速度范围
钢件	380 以上	车削	700 ~ 7 000
铸铁	700 以上	铣削	300 ~ 6 000
铜材	1 000 以上	钻削	200 ~ 1 100
铝材	1 100 以上	磨削	150 ~ 360
塑料	1 150 以上		

高速切削技术是新材料技术、计算机技术、控制技术和精密制造技术等多项新技术综合应用发展的结果。因此，高速切削主要包括高速切削机理、高速切削刀具、高速切削机床、高速切削工艺技术、高速加工的测量等关键技术。

任务 2　综合实例二

一、工作任务

本次任务是编写如图 9—3 所示工件的加工中心加工程序并进行加工。掌握数控加工工序卡的编制方法。

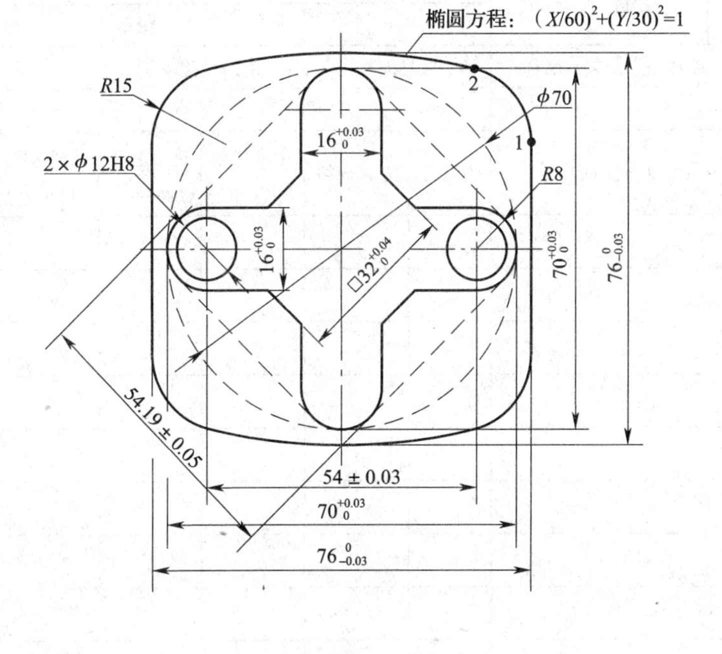

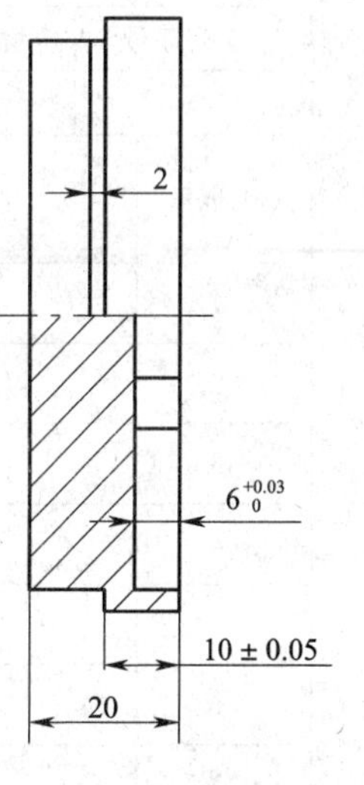

材料：45钢

$\sqrt{Ra3.2}$ ($\sqrt{}$)

图 9—3　综合实例二

二、任务准备

工具、量具、刀具及材料清单参见主教材。

三、任务实施

学习环节	学习过程和内容
新课准备	思考本次加工任务的工艺设计。

理论学习	1. 通过样例学习，掌握编程任务书的编制。 2. 通过样例学习，掌握数控加工工序卡的编制。 3. 通过样例学习，掌握刀具调整单的编制。 4. 通过样例学习，掌握机床调整单的编制。 5. 完成本次任务加工程序的编制。
实践操作	完成本任务工件的加工，并填写表 9—3。

表 9—3　　数控加工工序卡

单位：		数控加工工序卡片	产品代号		零件名称	零件图号
工艺序号	程序编号	夹具名称	夹具编号		使用设备	车间
工步号	工步内容（加工面）	刀具号	刀具规格	主轴转速（r/min）	进给速度（mm/min）	铣削深度（mm）
1						
2						
3						
4						
5						
6						
7						
8						
9						
10						
11						
12						
编制		审核		批准	共__页　第__页	

四、任务测评

先自己检测完成任务的情况，再与同学互检，合格后交指导老师评分，老师签字后方可进行下一任务的实训。

工件编号				总得分			
项目与配分		序号	技术要求	配分	评分标准	检测记录	得分
工件加工评分（80%）	外形轮廓与孔（76）	1	$76_{-0.03}^{0}$ mm	4×2	超差0.01 mm扣1分		
		2	$16_{0}^{+0.03}$ mm	4×2	超差0.01 mm扣1分		
		3	$32_{0}^{+0.04}$ mm	4×2	超差0.01 mm扣1分		
		4	$70_{0}^{+0.03}$ mm	4×2	超差0.01 mm扣1分		
		5	（10±0.05）mm	4	超差0.02 mm扣1分		
		6	椭圆轮廓正确	4×2	每错一处扣1分		
		7	圆弧尺寸正确	4	每错一处扣1分		
		8	ϕ12H8	3×2	超差0.01 mm扣1分		
		9	（54±0.03）mm	4	超差0.01 mm扣1分		
		10	$6_{0}^{+0.03}$ mm	4	超差0.01 mm扣1分		
		11	（54.19±0.05）mm	3×2	超差0.01 mm扣1分		
		12	ϕ70 mm	2	超差全扣		
		13	*Ra*3.2 μm	6	每错一处扣1分		
	其他（4）	14	工件按时完成	—	不超时		
		15	工件无缺陷	4	缺陷一处扣2分		
程序与工艺（10%）		16	程序正确合理	5	每错一处扣2分		
		17	加工工序卡	5	不合理每处扣2分		
机床操作（10%）		18	机床操作规范	5	出错一次扣2分		
		19	工件、刀具装夹	5	出错一次扣2分		
安全文明生产（倒扣分）		20	安全操作	倒扣	出现安全事故停止操作或酌扣5～30分		
		21	机床整理	倒扣			

五、拓展练习

试在加工中心上完成如图9—4所示工件的编程与加工（已知毛坯尺寸为80 mm×80 mm×20 mm）。

1. 编制加工工序卡。
2. 编写程序。
3. 完成零件的加工及测量。

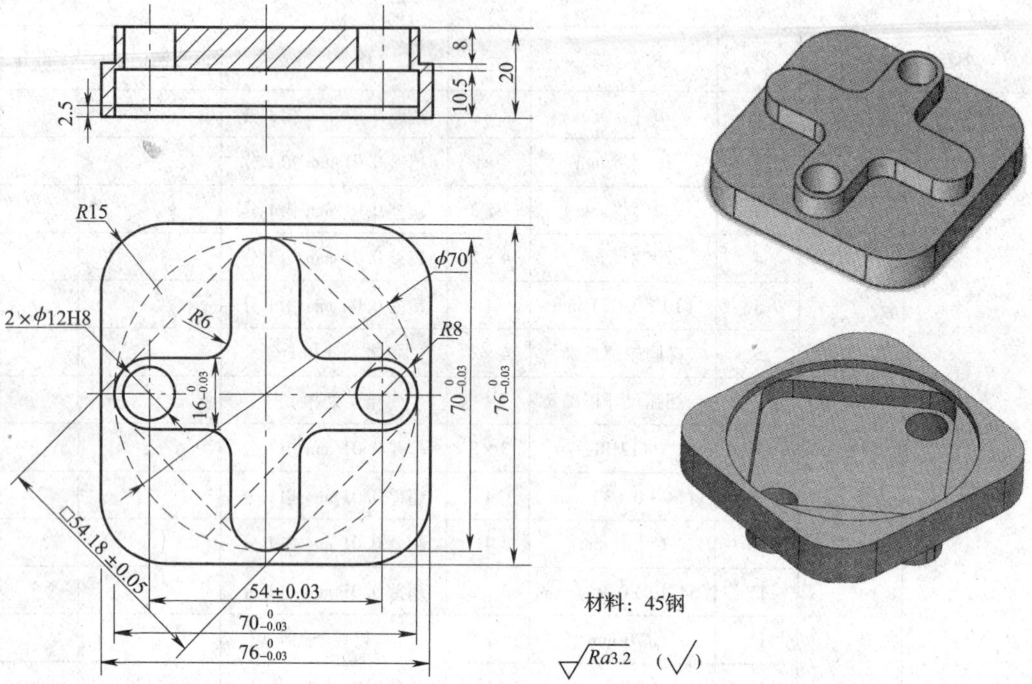

材料：45钢

$\sqrt{Ra3.2}$ （$\sqrt{}$）

图 9—4　综合加工技能拓展

课后阅读

【高速切削刀具】

高速切削刀具技术是实现高速加工的关键技术之一。高速铣削刀具必须具备可靠的安全性和高的耐用度。

高速切削刀具的安全性必须考虑刀具强度、刀具夹持、刀片压紧、刀具动平衡等因素。

高速切削刀具的耐用度必须考虑刀具材料、刀尖结构、切削用量、走刀方式、冷却条件等因素。高速铣削刀具材料主要有硬质合金、涂层刀具、金属陶瓷、陶瓷、立方氮化硼（CBN）和金刚石刀具。

当机床最高转速达到 15 000 r/min 时，通常需要采用如图 9—5 所示高速铣刀刀杆（HSK）或其他种类的短柄刀杆装夹刀具。HSK 的柄部为 1∶10 的锥度，采用过定位方式与机床的主轴连接，在机床拉力作用下，保证刀杆短锥和端面与机床紧密配合。

图 9—5　高速铣刀刀杆

刀杆通常采用侧固式、弹性夹紧式、液压夹紧式和热膨胀式等方式夹紧刀具。但侧固式难以保证刀具动平衡，因此在高速铣削时不宜采用，而采用如图 9—6 所示的弹性夹紧式、液压夹紧式和热膨胀式来夹紧刀具。其中热膨胀式结构简单、夹紧可靠、同心度高、传递转矩和径向力大、刚度大、动平衡性好，是目前最具发展潜力的刀杆结构。

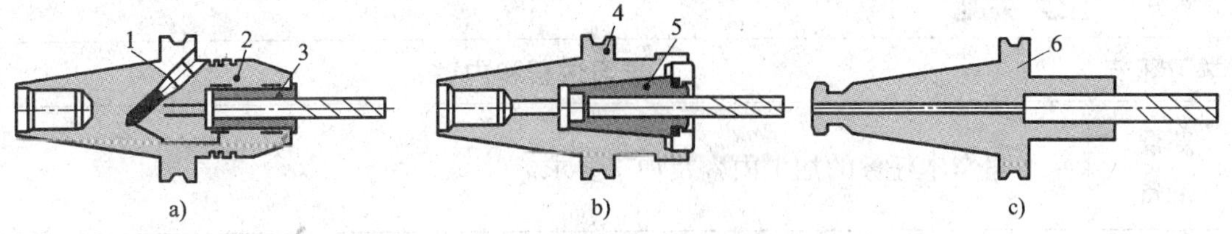

图 9—6　高速铣削刀具夹紧方式

a）弹性夹紧式　b）液压夹紧式　c）热膨胀式

1—夹紧螺钉　2，4，6—刀体　3—夹紧环　5—弹性环

任务 3　综合实例三

一、工作任务

本次任务是编写如图 9—7 所示工件的加工中心加工程序并进行加工。掌握数控加工工艺设计方法。

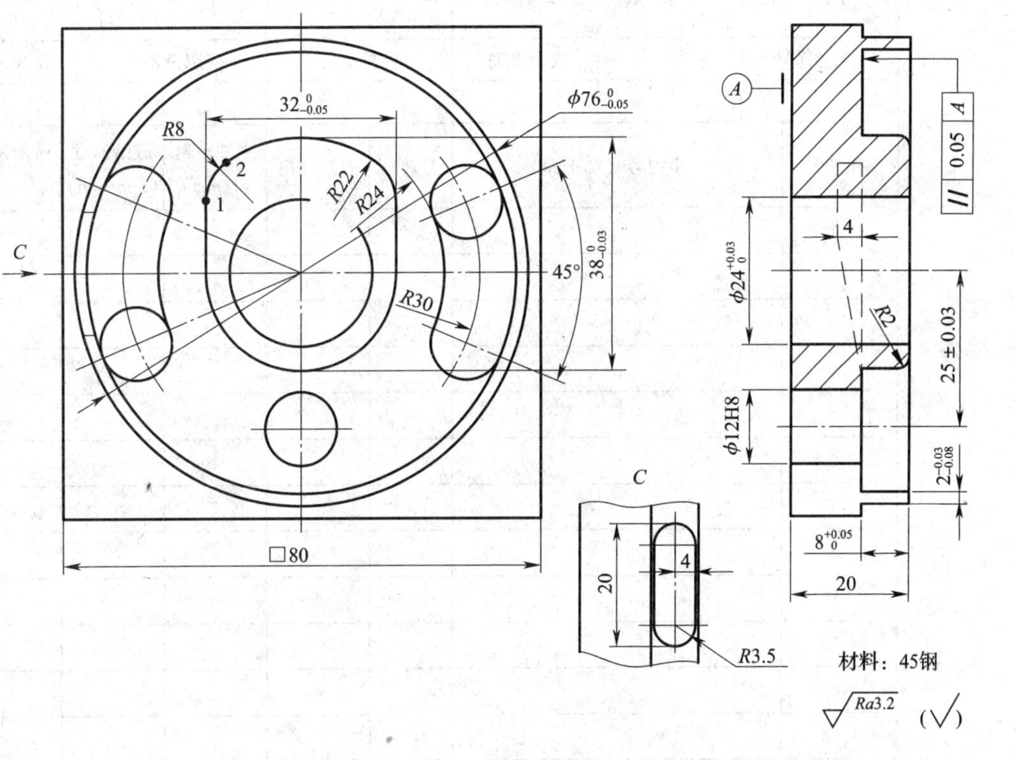

图 9—7　综合实例 3

二、任务准备

工具、量具、刀具及材料清单参见主教材。

三、任务实施

学习环节	学习过程和内容
新课准备	思考本任务的加工内容及加工要求。
理论学习	1. 通过讨论，确定本次加工任务的加工顺序。 2. 通过即兴回答确定本次加工任务的刀具选用。 3. 确定本次加工任务的切削用量。 4. 通过讨论，确定本次加工任务加工路线的规划。 5. 完成本次加工任务的程序编制。
实践操作	完成本任务工件的加工，并填写表 9—4。

表 9—4　　数控加工工序卡

单位：	数控加工工序卡片		产品代号	零件名称		零件图号
工艺序号	程序编号	夹具名称	夹具编号	使用设备		车间
工步号	工步内容（加工面）	刀具号	刀具规格	主轴转速（r/min）	进给速度（mm/min）	铣削深度（mm）
1						
2						
3						
4						
5						
6						
7						
8						
9						
10						
11						
12						
编制		审核		批准		共__页　第__页

四、任务测评

先自己检测完成任务的情况，再与同学互检，合格后交指导老师评分，老师签字后方可进行下一任务的实训。

工件编号				总得分			
项目与配分		序号	技术要求	配分	评分标准	检测记录	得分
工件加工评分（80%）	外形轮廓与孔（76）	1	$\phi76_{-0.05}^{0}$ mm	5	超差 0.02 mm 扣 1 分		
		2	$8_{0}^{+0.05}$ mm	5	超差 0.02 mm 扣 1 分		
		3	$2_{-0.08}^{-0.03}$ mm	5	超差 0.02 mm 扣 1 分		
		4	$32_{-0.05}^{0}$ mm	5	超差 0.02 mm 扣 1 分		
		5	$38_{-0.03}^{0}$ mm	5	超差 0.02 mm 扣 1 分		
		6	轮廓倒圆角	6	出错全扣		
		7	两螺旋槽正确	5×2	每错一处扣 5 分		
		8	45°、深 4 mm	4×2	每错一处扣 3 分		
		9	$\phi12H8$	5	超差 0.02 mm 扣 1 分		
		10	$\phi24_{0}^{+0.03}$ mm	5	超差 0.02 mm 扣 1 分		
		11	（25±0.03）mm	5	超差 0.02 mm 扣 1 分		
		12	内孔 $Ra3.2$ μm	2×2	每错一处扣 2 分		
		13	轮廓 $Ra3.2$ μm	8	每错一处扣 1 分		
	其他（4）	14	工件按时完成	—	不超时		
		15	工件无缺陷	4	缺陷一处扣 2 分		
程序与工艺（10%）		16	程序正确合理	5	每错一处扣 2 分		
		17	加工工序卡	5	不合理每处扣 2 分		
机床操作（10%）		18	机床操作规范	5	出错一次扣 2 分		
		19	工件、刀具装夹	5	出错一次扣 2 分		
安全文明生产（倒扣分）		20	安全操作	倒扣	出现安全事故停止操作或酌扣 5～30 分		
		21	机床整理	倒扣			

五、拓展练习

试在加工中心上完成如图 9—8 所示工件的编程与加工（已知毛坯尺寸为 80 mm×80 mm×25 mm）。

1. 编制加工工序卡。
2. 编写程序。
3. 完成零件的加工及测量。

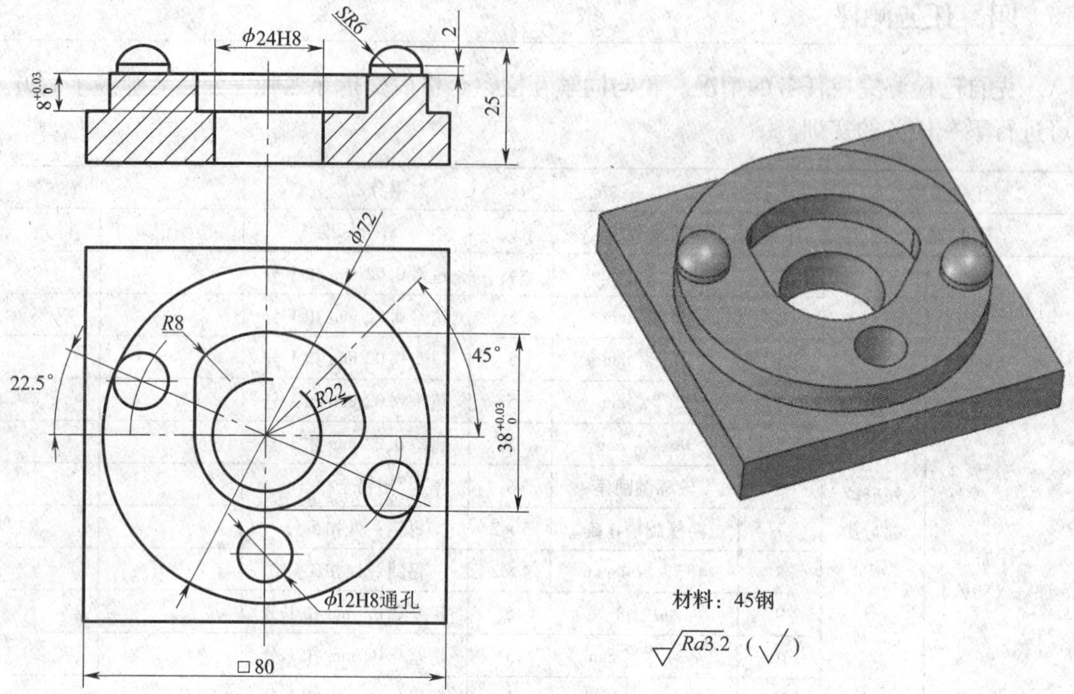

材料：45钢

$\sqrt{Ra3.2}$ ($\sqrt{}$)

图 9—8　综合加工技能拓展

课后阅读

【高速切削机床】

高速切削机床是实现高速加工的前提和基本条件，在现代机床制造业中，机床高速化是一个必然的发展趋势。高速切削机床技术主要包括以下几个方面：

1. 机床的床身结构

机床的基本结构有床身、底座和立柱等，高速切削会产生很大的附加惯性力，因而机床床身、立柱等必须具有足够的强度、刚度和高水平的阻尼特性。提高机床刚度的一个措施是改革床体结构，如将立柱和底座合为一个整体，使机床可以依靠自身的刚度来保持机床精度。

2. 高速主轴

高速主轴的性能要求是：高转速和高调速范围、足够的刚度和较高的回转精度、良好的热稳定性、大功率、可靠的工具装卡性能、先进的润滑和冷却系统、可靠的主轴监测系统。

3. 高速进给机构

目前，高速切削进给速度已高达 50 ~ 120 m/min，要实现并准确控制这样高的进给速度，就要对机床导轨、滚珠丝杠、伺服系统、工作台结构等提出新的要求。而且，由于机床上直线运动行程一般较短，高速加工机床必须实现较高的进给加减速才有意义。

4．高速 CNC 控制系统

数控高速切削加工要求 CNC 控制系统具有快速数据处理能力和高的功能化特性，以保证在高速切削时（特别是在 4 ~5 轴坐标联动加工复杂曲面时）仍具有良好的加工性能。

5．高速切削机床安全防护

高速切削的速度相当高，当主轴转速达 40 000 r/min 时，若有刀片崩裂，则掉下来的刀具碎片就像出膛的子弹，因此，对高速切削引起的安全问题必须充分重视。

任务 4　综合实例四

一、工作任务

本次任务是编写如图 9—9 所示工件的加工中心加工程序并进行加工。掌握数控加工工艺设计方法。

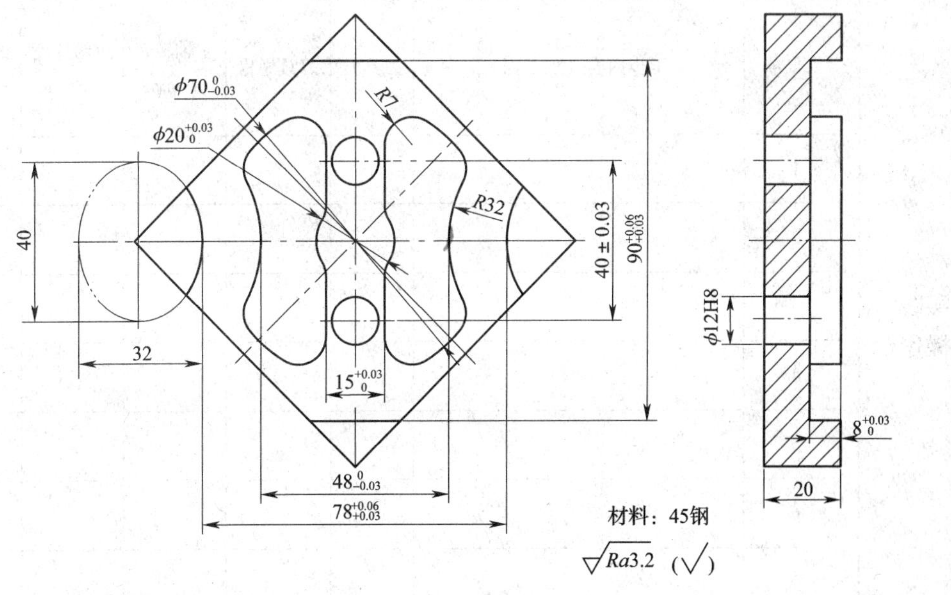

图 9—9　综合实例 4

二、任务准备

工具、量具、刀具及材料清单见主教材。

三、任务实施

学习环节	学习过程和内容
新课准备	回顾思考项目九任务 3 的完成过程。

理论学习	1. 独立完成零件的工艺设计。 2. 独立完成数控加工工序卡的编写。 3. 独立完成加工程序的编写。
实践操作	完成本任务工件的加工，并填写表9—5。

表9—5　　　　数控加工工序卡

单位：	数控加工工序卡片		产品代号		零件名称	零件图号
工艺序号	程序编号	夹具名称		夹具编号	使用设备	车间
工步号	工步内容（加工面）	刀具号	刀具规格	主轴转速（r/min）	进给速度（mm/min）	铣削深度（mm）
1						
2						
3						
4						
5						
6						
7						
8						
9						
10						
11						
12						
编制		审核		批准		共__页　第__页

四、任务测评

先自己检测完成任务的情况，再与同学互检，合格后交指导老师评分，老师签字后方可进行下一任务的实训。

工件编号				总得分			
项目与配分		序号	技术要求	配分	评分标准	检测记录	得分
工件加工评分（80%）	外形轮廓与孔（76）	1	$\phi70_{-0.03}^{0}$ mm	5×2	超差0.01 mm扣1分		
		2	$\phi20_{0}^{+0.03}$ mm	5	超差0.01 mm扣1分		
		3	$15_{0}^{+0.03}$ mm	5	超差0.01 mm扣1分		
		4	$48_{-0.03}^{0}$ mm	5	超差0.01 mm扣1分		
		5	$78_{+0.03}^{+0.06}$ mm	5	超差0.02 mm扣1分		
		6	$90_{+0.03}^{+0.06}$ mm	5	每错一处扣1分		
		7	$8_{0}^{+0.03}$ mm	5	每错一处扣1分		
		8	椭圆轮廓	4×2	不正确全扣		
		9	轮廓位置正确	4	不正确全扣		
		10	ϕ12H8	4×2	超差0.02 mm扣1分		
		11	（40±0.03）mm	4	超差0.02 mm扣1分		
		12	孔 *Ra*3.2 μm	2×2	超差一处扣1分		
		13	*Ra*3.2 μm	8	超差一处扣1分		
	其他（4）	14	工件按时完成	—	不超时		
		15	工件无缺陷	4	缺陷一处扣2分		
程序与工艺（10%）		16	程序正确合理	5	每错一处扣2分		
		17	加工工序卡	5	不合理每处扣2分		
机床操作（10%）		18	机床操作规范	5	出错一次扣2分		
		19	工件、刀具装夹	5	出错一次扣2分		
安全文明生产（倒扣分）		20	安全操作	倒扣	出现安全事故停止操作或酌扣5～30分		
		21	机床整理	倒扣			

五、拓展练习

试在加工中心上完成如图9—10所示工件的编程与加工（已知毛坯尺寸为80 mm×80 mm×20 mm）。

1. 编制加工工序卡。
2. 编写程序。
3. 完成零件的加工及测量。

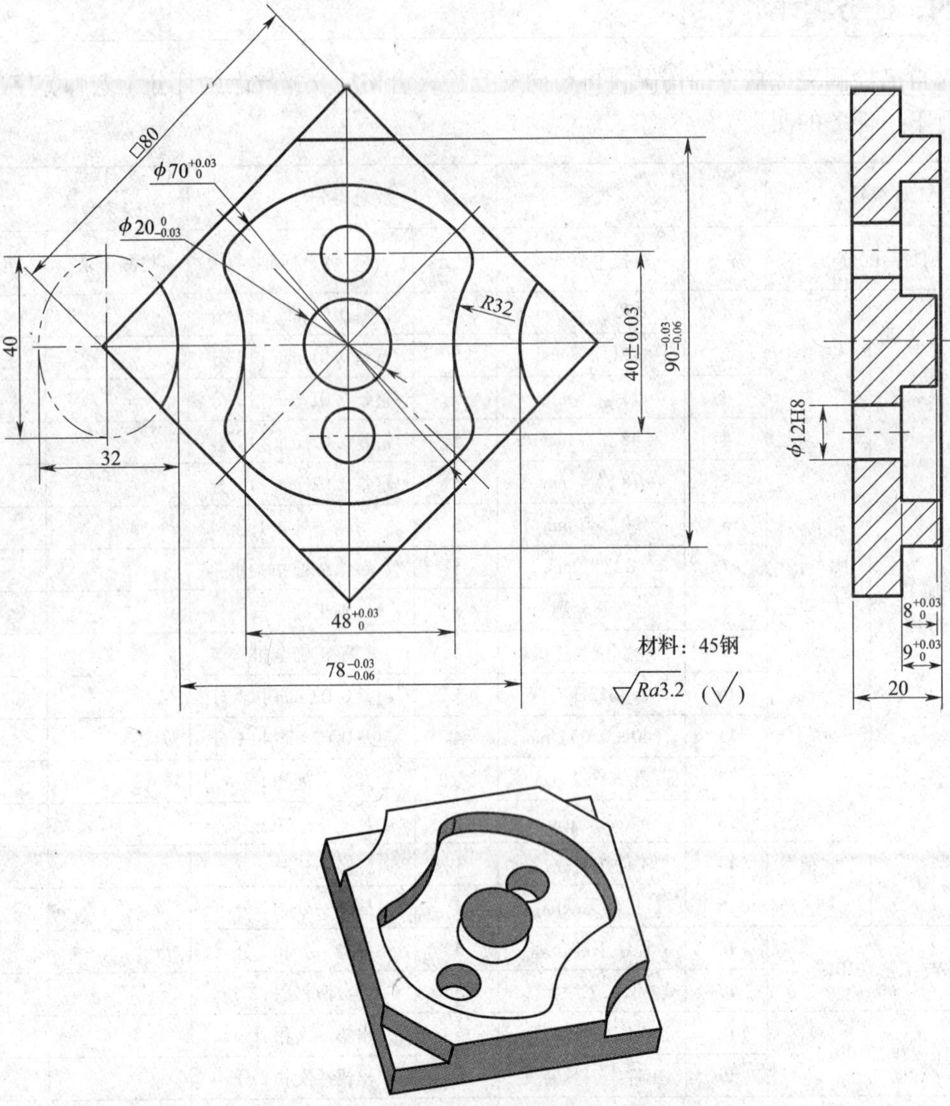

材料：45钢

$\sqrt{Ra3.2}$ （$\sqrt{}$）

图 9—10　综合加工技能拓展

课后阅读

【通过等级工鉴定技巧】

1．实操考核的操作要求

在职业技能鉴定考试过程中，为了取得较高的应会操作成绩，对操作者提出了较高的操作要求，即要求操作者在实操过程中以最合理的工艺方案、最有效的精度保证、最佳刀具路径、最短时间完成试件加工。

（1）最合理工艺方案

最合理工艺方案是指自己最熟悉的工艺方案，即采用最少的走刀次数、最快捷的去除方式、最方便工件自检的方法，在规定时间内，完成试件加工的工艺方案。

（2）最有效的精度保证

精度是零件加工中最重要的指标，精度决定零件价值。在实操过程中，操作者应合理安排加工顺序，灵活运用各种加工刀具，注意装夹方式对试件加工精度的影响，从实际出发分配粗、精加工余量，适时调整切削参数，充分利用各种量具和数控系统功能，及时对试件进行直接或间接测量，确保工件加工精度和配合精度。

（3）最佳刀具路径

是指在保证加工精度和表面粗糙度的前提下，数值计算最简单、走刀路线最短、空行程少、编程量小、程序短、简单易行的刀具路径。

（4）最短时间

熟练的操作，快捷的编程，选好正确的切入点，合理使用刀具，优选切削用量，确保关键得分点，把握加工节奏，粗精加工分开，力争在规定时间内完成加工项目，确保试件加工的完整性。

2. 实操考核的应试策略

良好的数控职业技能鉴定应试策略也是顺利通过职业技能考核的关键，常用的实操应试策略如下：

（1）确定加工流程

在加工过程中应全盘考虑每一个表面的加工次序，绝对不能出现工件加工到一半无法继续加工的情况。

（2）注意各项精度配分值的大小

通过合理分析配分表并根据考试时间要求，选择配分大、容易保证的尺寸进行精加工，而适当放弃一些配分小、加工难度大的尺寸。

（3）把加工程序分细

由于职业技能鉴定应会考试是单件操作。因此，可以用多个程序来完成一道工序。加工过程中可以分成一把刀一个程序，也可以分成一个加工要素一个程序，这样做既可以方便程序的校正，还可以方便加工精度的修整。

（4）尽可能多用固定循环

采用复合固定循环进行编程，可以简化加工程序，减少程序的输入错误。此外，有些固定循环，如螺纹加工复合固定循环还可以达到优化刀具轨迹的目的。

（5）采用手动操作及 MDI 操作来完成部分切削工作

某些特定的加工，如去除毛坯余量、端面切削、钻孔等操作，采用手动操作显然要比编程操作更简单、更省事。

（6）选用合理的切削用量参数

选择切削用量参数时，可以按经验选取估算值，不必精确，但选择时应适当保守一些，即取偏小值，然后在加工过程中通过机床面板上的按钮进行调整。

（7）保证程序的正确性

在正式加工前，采取“锁住机床空运行”的方式校验程序，并且在显示屏上绘制刀具轨迹。对于这一步操作，最好不要省略。

（8）分段实施，分步推进

实操考试切忌两个极端。一个是在没有看清图样上的加工要求、没有对照配分表和未推敲加工方案的条件下抢先下手，很早就开始加工，从而导致无法弥补的工艺错误。另一个极端是迟迟不动手，看图细之又细，制定方案慎之又慎，自以为“稳扎稳打”，实则延误了时机，导致无法在规定时间内完成工件加工。

（9）安全第一

确保人身和机床的安全，这是不容置疑的。在考核过程中注意工件和刀具的安全也很重要，为此，在考试过程中一定要保证程序的正确性、安装的牢靠性和操作的规范性。

职业技能鉴定考试不是精品考试，而是合格考试，不要求操作者必须得满分，只要求操作达到及格线即可。因此，操作者在应会操作过程中一定要注意应试的技能技巧，从而使操作者顺利通过相应的技能鉴定应会考核。

项目十

数控铣床/加工中心的结构与维护

任务1　数控铣床/加工中心的主传动系统与主轴部件的维护

一、工作任务

本任务是通过参观生产现场或数控机床厂，了解数控铣床主传动系统、主轴部件的基本结构（见图10—1），现场对主轴部件进行维护保养操作，了解主轴部件结构特点，同时掌握主轴部件的日常维护保养。

图10—1　主轴结构

二、任务准备

一字、十字旋具，内六角扳手，润滑油，加油壶，棉布，气枪等。

三、任务实施

学习环节	学习过程和内容
新课准备	1. 数控铣床/加工中心的主轴系统主要由哪些零部件组成？各起什么作用？ 2. 数控铣床/加工中心主传动系统的性能对零件的加工有何影响？ 3. 数控铣床/加工中心机床的主传动系统如何进行维护保养？

理论学习

一、掌握以下理论知识：

1．了解主传动系统在数控铣床、加工中心机床中的地位，所起的作用，对零件加工的影响。

2．熟悉主传动系统的组成，知道每个组成零部件的名称，以及每个零部件在主传动系统中所起的作用。

3．掌握主传统系统中各零部件在日常使用过程中的维护保养方法和延长其使用寿命的方法，以及能保证机床加工精度的使用方法。

二、根据所学内容完成以下问题。

1．最常用的数控铣床的主轴采用了哪种变速方式？有何特点？

2．根据下图所示，写出图中零件的名称，并简述有何作用。

图示	名称	作用

实践操作	在实习场地完成以下操作，并记下操作要点，填写在下面的表格内。 一、参观数控车间或数控机床厂，了解数控铣床/加工中心主轴系统各组成部件的名称和作用。 在老师的带领下参观数控车间，针对一台数控铣床或加工中心仔细观察，在停机的状态下，并在老师的指导下拆开主轴系统的外壳，了解各部件的名称、形状特点和作用，边观看边作记录，记录各部件的名称、作用及工作原理。 二、对主轴系统进行维护保养。 在老师的指导下，找到主轴润滑系统的安装位置，添加适当的润滑油，掌握添加润滑油的方法。检查恒温系统、主轴电动机的散热风扇等，并作好记录，在今后的使用过程中知道主轴系统维护的操作方法。

序号	要点	内容
1	各组成零件的名称及作用	
2	主轴系统各部件维护保养的重要性	
3	主轴系统的维护保养操作过程	

四、任务测评

按如下评分标准进行测评。

序号	技术要求	配分	评分标准	得分
1	写出主轴系统各组成零部件的名称及作用	40	零件名称、作用表达正确	
2	写出主轴系统的维护保养过程	20	内容正确明了	
3	主轴系统的维护保养操作	30	保养全面、操作规范	
4	安全、文明、卫生	10	视违规情节扣分	

课后阅读

主传动系统

主传动系统也称为主轴系统，是数控铣床、加工中心机床上的重要部件之一，它带动刀具旋转完成切削，其精度、抗振性和热变形对加工质量有直接影响。主轴部件主要由主轴、轴承、传动件、密封件和刀具自动夹紧机构等组成。

主轴前端有 7:24 的锥孔，用于装夹刀柄或刀杆。主轴端面有一端面键，既可通过它传递刀具的转矩，又可用于刀具的周向定位。主轴的主要尺寸参数包括主轴直径、内孔直径、悬伸长度和支撑跨距。评价和考虑主轴主要尺寸参数的依据是主轴的刚度、结构工艺性和主轴组件的工艺适用范围。主轴材料主要根据刚度、载荷特点、耐磨性和热处理变形等因素确定。主轴在高转速场合通常采用循环式润滑系统。

刀具自动夹紧机构具备自动松开和夹紧刀具的功能，便于换刀。常见的刀具自动夹紧机构主要由拉杆、拉杆端部的夹头、蝶形弹簧、活塞、气缸等组成。

刀具自动夹紧机构安装在主轴的内部，图 10—2 所示为刀具的夹紧工作示意图。刀柄 1 由主轴刀爪 2 夹持，蝶形弹簧 5 通过拉杆 4、刀爪在内套 3 的作用下将刀柄的拉钉拉紧，当换刀时，松开刀柄。此时给主轴上端气缸 6 的上腔通压缩空气，活塞 7 带动压杆 8 及拉杆向下移动，同时压缩蝶形弹簧；当拉杆下移到使刀爪的下端移出内套时，卡爪张开，同时拉杆将刀柄顶松，刀具即可由机械手从刀库中拔出。待新刀装入后，气缸的下腔通压缩空气，压杆回升，在蝶形弹簧的作用下，拉杆带动刀爪上移，刀爪重新进入内套，将刀柄拉紧。活塞移动的两个极限位置分别设有行程开关 10 作为刀具夹紧和松开的信号。

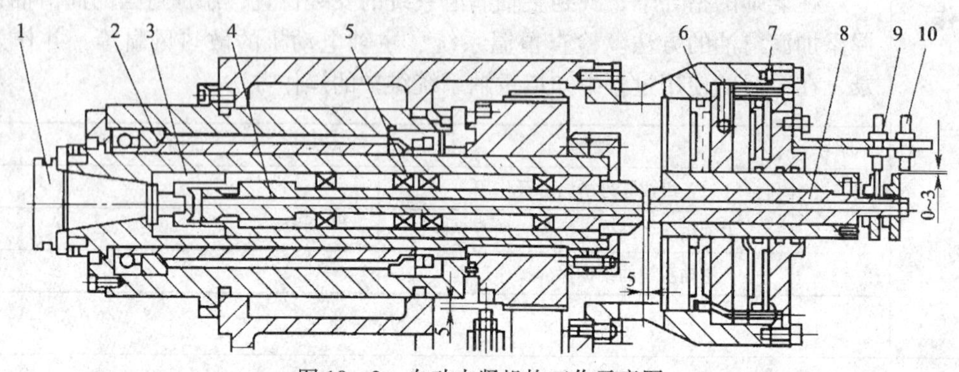

图 10—2　自动夹紧机构工作示意图

1—刀柄　2—刀爪　3—内套　4—拉杆　5—蝶形弹簧　6—气缸　7—活塞　8—压杆　9—撑块　10—行程开关

刀杆尾部的拉紧机构，除上述的卡爪式外，常见的还有钢球拉紧机构，其内部结构如图 10—3 所示。

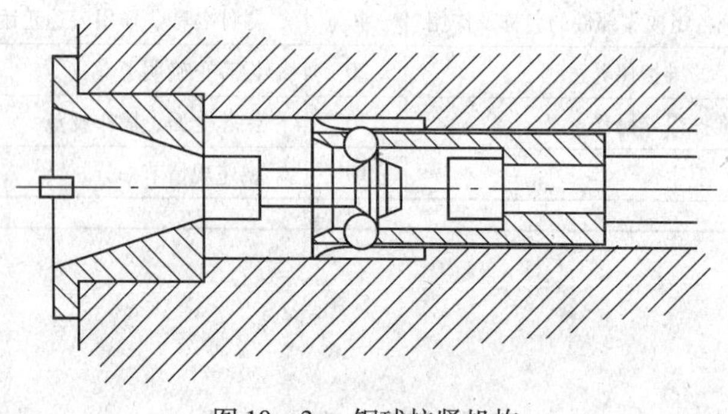

图 10—3　钢球拉紧机构

任务 2　数控铣床/加工中心的进给传动系统与传动元件的维护

一、工作任务

本任务是通过参观加工现场，熟悉进给传动部件的名称及其功能，并掌握对传动元件的维护保养操作。进给系统的安装示意图如图 10—4 所示。

图 10—4　进给系统的安装示意图

二、任务准备

一字、十字旋具，内六角扳手，润滑油，加油壶，棉布，气枪等。

三、任务实施

学习环节	学习过程和内容
新课准备	1．零件安装在工作台上是靠什么部件进行传动加工的？ 2．数控铣床/加工中心的进给传动系统通常由哪些零部件组成？各起什么作用？ 3．如何对进给传动部件进行维护保养？
理论学习	一、掌握以下理论知识： 1．了解进给传动系统在数控铣床、加工中心机床中的地位及所起的作用。 2．熟悉进给传动系统的组成，知道每个组成零部件的名称，以及每个零部件在进给传动系统中所起的作用。 3．掌握进给传统系统中各零部件在日常使用过程中的维护保养方法和延长其使用寿命的方法，以及能保证机床加工精度的使用方法。 二、根据所学内容完成以下问题。 1．工作台是靠什么部件支撑和传动的？ 2．根据下图所示，写出图中零件的名称，并简述有何作用。

图示	名称	作用

实践操作	在实习场地完成以下操作，并记下操作要点，填写在下面的表格内。 一、参观数控车间或数控机床厂，了解数控铣床/加工中心进给传动系统各组成部件的名称和作用。 在老师的带领下参观数控车间时，针对一台数控铣床或加工中心仔细观察。在停机的状态下，并在老师的指导下拆开工作台边的防护罩，找到滚珠丝杠、导轨、轴承、电动机等零部件，边观看边作记录，记录下各部件的特点、作用及工作原理。 二、对进给传动系统进行维护保养。 在老师的指导下，找到进给传动系统润滑系统的安装位置，添加适当的润滑油，掌握添加润滑油的方法。并作好记录，在今后的使用过程中知道进给传动系统维护的操作方法。

序号	要点	内容
1	防护罩的拆卸过程	
2	各组成零件的名称及作用	
3	进给传动系统各部件保养过程	

四、任务测评

按如下评分标准进行测评。

序号	技术要求	配分	评分标准	得分
1	写出进给传动系统各组成零部件的名称及作用	40	零件名称、作用表达正确	
2	写出进给传动系统的维护保养过程	20	内容正确明了	
3	进给传动系统的维护保养操作	30	保养全面、操作规范	
4	安全、文明、卫生	10	视违规情节扣分	

课后阅读

导轨的类型及特点

数控铣床/加工中心主要有以下几种导轨：

1. 滑动导轨

如图 10—5 所示，滑动导轨结构简单，抗振性好，制造方便，刚度高；但静摩擦因数大，在低速（小于 60 mm/min）时易出现爬行现象，从而降低了运动部件的定位精度。为提高滑动导轨的耐磨性和减小摩擦，在原来金属导轨的基础上粘贴摩擦因数低、耐磨吸振的塑料材料使之成为贴塑导轨。另外，还有用工程塑料制造的导轨，主要有以聚四氯乙烯（PTFE）为基体的塑料导轨，以环氧树脂为基体的塑料导轨等。滑动导轨适用于中小型数控机床。

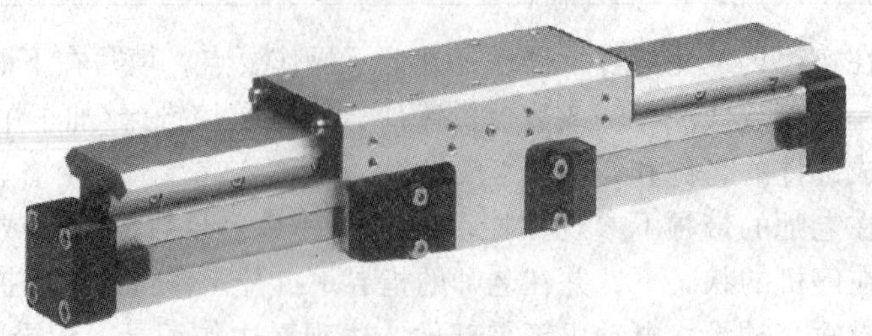

图 10—5　滑动导轨

2. 静压导轨

如图 10—6 所示，静压导轨是在运动导轨表面开设油腔，通入压力油形成压力油膜，使运动导轨浮起。在工作时，油压依靠外载荷大小自动调整，保证导轨面间的油压润滑支撑，常用的有开式静压导轨和闭式静压导轨两种，如图 10—7、图 10—8 所示。数控机床常用闭式，它的摩擦因数小，导轨不磨损（因油压支撑），具有吸振作用。但因加入供油系统而使结构复杂，故障多，成本高，故静压导轨主要适用于大中型数控机床。

图 10—6　静压导轨

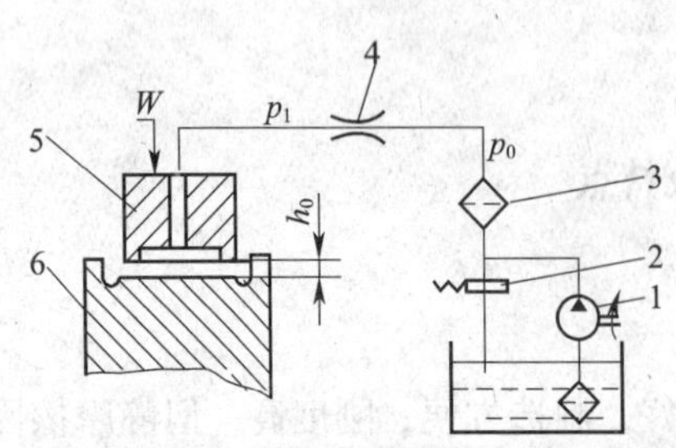

图 10—7　开式液体静压导轨

1—液压泵　2—溢流阀　3—过滤器

4—节流器　5—运动导轨　6—床身导轨

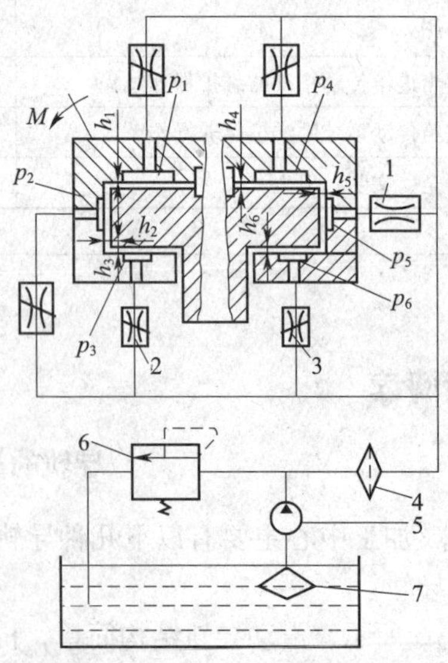

图 10—8　闭式液体静压导轨

1—固定节流阀　2，3—可调节流阀

4，7—过滤器　5—液压泵　6—溢流阀

3. 滚动导轨

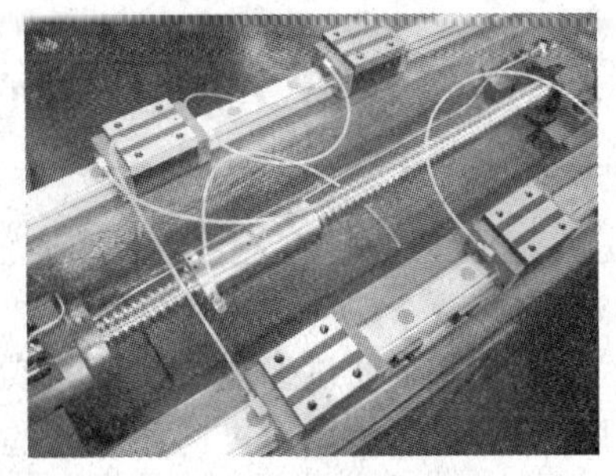
图 10—9　滚动导轨

如图 10—9 所示，目前大部分数控机床采用滚动导轨，在导轨面之间放置滚动体（滚珠或滚针），变导轨面的滑动摩擦为滚动摩擦，减小了摩擦因数。这种导轨的特点是：灵敏度高，摩擦阻力小，运动均匀，低速移动不易爬行，定位精度高达 0.1 μm，牵引力小，移动轻便，磨损小，精度保持性好，寿命长；但缺点是抗振性差，刚度低，对防护要求较高，结构复杂，制造比较困难，成本高。

滚动导轨是目前数控机床使用最广泛的一种导轨形式。滚动导轨的结构形式按滚动体的种类分为以下几种：

（1）滚珠导轨

如图 10—10 所示，滚珠导轨为点接触，摩擦阻力小、承载能力较差、刚度低、结构紧凑、制造容易、成本低。主要适用于运动的工作部件重量不大和切削力不大的数控机床。

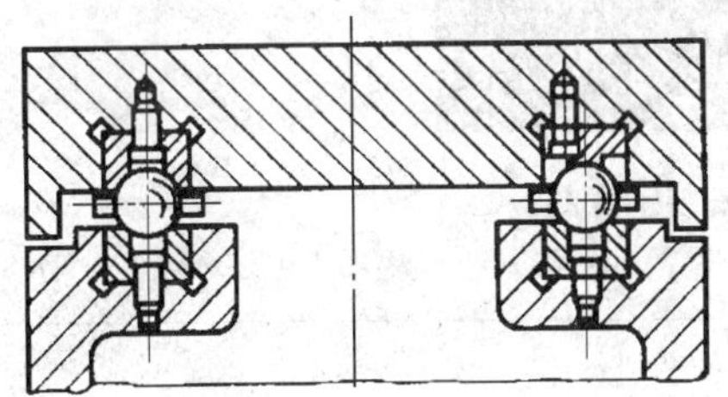
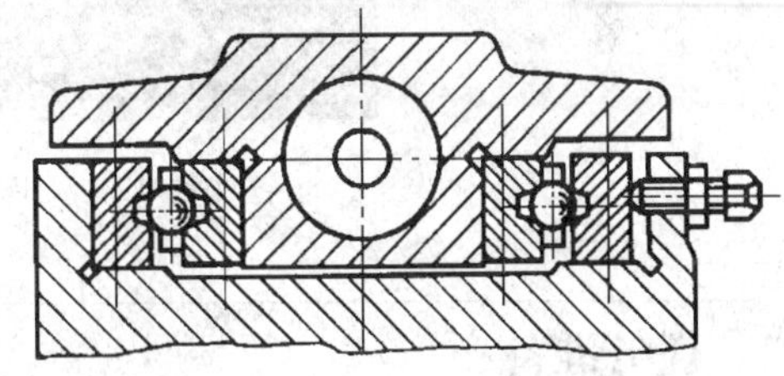
图 10—10　滚珠导轨

（2）滚柱导轨

如图 10—11 所示，滚柱导轨为线接触，承载能力大，刚度高，对导轨面的平面度敏感，制造精度要求比滚珠导轨高，适用于载荷较大的机床，是目前数控机床中用得较多的一种形式。

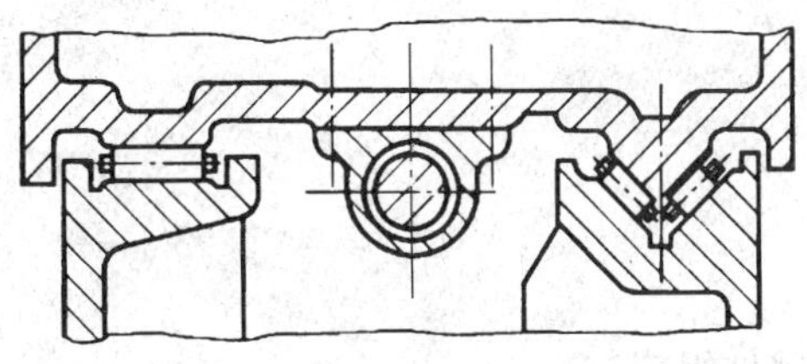
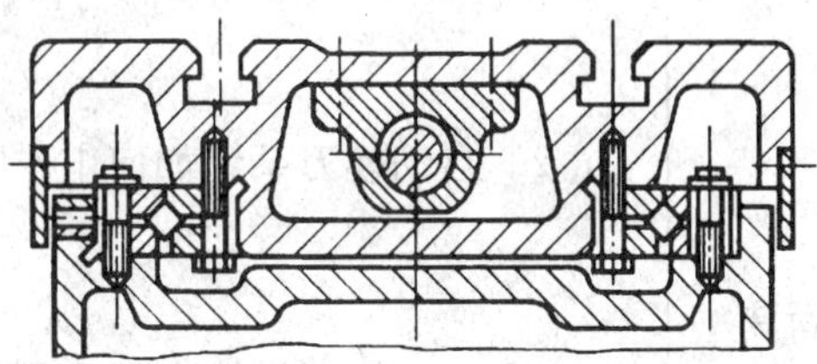
图 10—11　滚柱导轨

（3）滚针导轨

滚针尺寸小，结构紧凑，承载能力大，刚度高，对导轨面的平面度更敏感，对制造精度要求更高，摩擦因数较大，适用于导轨尺寸受限制的小型数控机床。

任务3　加工中心的自动换刀系统与刀库的维护

一、工作任务

本任务是通过参观数控车间或数控机床厂，了解加工中心刀库的种类及各种刀库的换刀动作，并熟悉换刀机构各部件的名称与功能，掌握刀库的基本维护。刀库的安装示意图如图10—12所示。

图10—12　刀库的安装示意图

二、任务准备

加油枪、润滑油、润滑脂、加油壶、棉布、气枪等。

三、任务实施

学习环节	学习过程和内容
新课准备	1. 加工中心与数控铣床在特征上主要有什么不同？ 2. 自动换刀系统如何工作？ 3. 自动换刀机构主要由哪些零部件组成？ 4. 如何对换刀机构进行维护？

理论学习

一、掌握以下理论知识：

1．了解换刀原理及刀库在加工中的作用。

2．了解加工中心刀库的形状和结构特点。

3．掌握如何对换刀机构进行维护保养。

二、根据所学内容完成以下的问题。

1．单臂机械手换刀系统是如何进行换刀的？

2．写出表中刀库的名称，并简述其特点。

图示	名称	特点

实践操作

在实习场地完成以下操作，并记下操作要点，填写在下面的表格内。

1．启动机床，转动换刀机构，观察刀库的换刀动作并作好记录。

2．仔细观察刀库，熟悉刀库的结构组成，并了解各零部件的名称和作用。

3．仔细察看换刀机构的活动部件，并对各活动部件添加润滑油或润滑脂，保证活动准确、灵敏。

序号	要点	内容
1	换刀过程	
2	各组成零部件的名称及作用	
3	换刀机构各部件的保养过程	

四、任务测评

按如下评分标准进行测评。

序号	技术要求	配分	评分标准	得分
1	写出换刀系统各组成零部件的名称及作用	40	零件名称、作用表达正确	
2	写出换刀系统的维护保养过程	20	内容正确明了	
3	换刀机构的维护保养操作	30	保养全面、操作规范	
4	安全、文明、卫生	10	视违规情节扣分	

课后阅读

加工中心自动换刀机构的选刀方式

加工中心选刀方式是将所需刀具从刀库中准确地调出的方法，常用的方法有顺序选刀和任选刀具两种。顺序选刀是按照工艺要求依次将所用的刀具插入刀库的刀套中，顺序不能错。加工时按顺序调刀。更换不同的工件时必须重新排列刀库中的刀具顺序，操作十分烦琐，而且在加工同一工件时各工序的刀具不能重复使用。这不仅使刀具数量增多，而且在使用同种刀具时，由于刀具的尺寸误差也容易造成加工精度不稳定。其优点是刀库的驱动及控制都比较简单。

随着数控系统的发展，目前绝大多数的数控系统都具有刀具任选功能，多数加工中心都采用任选刀具的换刀方法。任选刀具的换刀方式有刀套编码、刀具编码和记忆等，刀套编码或刀具编码都需要在刀套或刀具上安装用于识别的编码条，根据二进制编码原理进行编码。对于刀套编码的方式，一把刀具只对应一个刀套，从一个刀套取出的刀具必须放回原来的刀套，取送刀具十分麻烦，换刀时间很长。对于刀具编码的方式，由于要求每把刀具上必须带有专用的编码系统，使得刀具长度增加，制造困难，刚度降低，同时使机械手和刀库的结构也复杂化。因此，无论是刀套编码还是刀具编码都给换刀系统带来了很多不便，所以近年来在加工中心上应用得很少。目前在加工中心上大多使用记忆式的任选换刀方式。这种方式能将刀具号和刀库中的刀套位置（地址）对应地记忆在数控系统的 PLC 中，不论刀具放在哪个刀套内都始终记忆着它的踪迹。刀库上装有位置检测装置（一般与电动机装在一起），可以检测出每个刀套的位置，将刀具任意取出并送回。刀库上还设有机械原点，每次选刀时就近选取，如对于盘式刀盘来说，每次选刀运动的正转或反转都不会超过 180°。

沿虚线剪下

课后习题

项目一

数控机床操作基础

任务1　认识数控机床

班级__________　姓名__________　学号__________　成绩__________

一、填空题

1. 数控铣床根据其主轴的位置与方向，可分成________数控铣床和________数控铣床两类。

2. 字母“________”表示计算机辅助设计，而字母“________”表示计算机数字控制，即通常所说的“数控”。

3. 用于完成________或________加工的数控机床称为数控铣床，而通常所指的加工中心即是指带有________和________的数控铣床。

4. 数控铣床主要由机床本体和数控系统两大部分组成。数控系统由程序的____________、数控装置和______________三部分组成。

5. 数控线切割机床，往往采用__________、__________等作为电极丝。

二、判断题

1. 立式数控铣床主轴轴线平行于水平面，一般采用平口钳或压板等夹具来装夹工件。（　）

2. 通常情况下，将以车削加工为主并辅以铣削加工的数控车削中心归类为数控车床。（　）

3. 所有带有换刀装置的数控机床统称为加工中心。（　）

4. 数控钻床是一种采用点位控制系统的数控机床，即控制刀具从一点到另一点的位置，而不控制刀具移动轨迹。（　）

5. 只要不操作机床，进入生产车间或实习车间可不穿戴工作服、工作帽等安全防护装置。 (　　)

三、选择题

1. 计算机数控用以下（　　）代号表示。

A. CAD　　B. CAM　　C. ATC　　D. CNC

2. 下列装置中，不属于数控系统的装置是（　　）。

A. 刀具交换装置　　B. 输入/输出装置

C. 数控装置　　D. 伺服驱动装置

3. 世界上第一台数控机床是（　　）年研制出来的。

A. 1945　　B. 1948　　C. 1952　　D. 1958

4. 按照机床运动的控制轨迹分类，数控铣床属于（　　）。

A. 点位控制　　B. 直线控制

C. 轮廓控制　　D. 远程控制

5. CIMS 表示（　　）。

A. 柔性制造单元　　B. 柔性制造系统

C. 计算机集成制造系统　　D. 计算机辅助工艺规程设计

四、问答题

在题图 1—1 上标出加工中心的各组成部件。

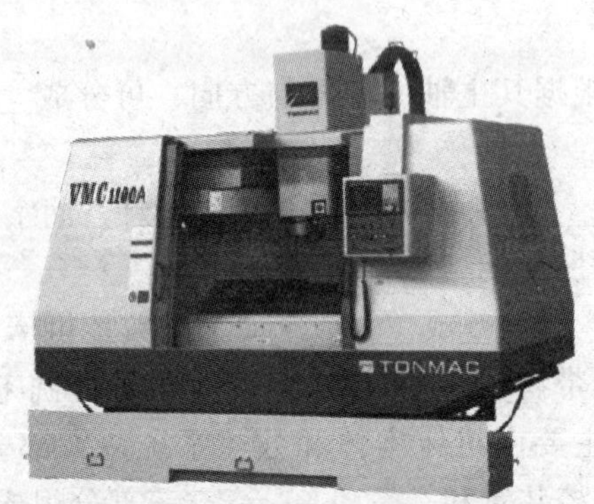

题图 1—1　加工中心

沿虚线剪下

任务2　认识数控铣床/加工中心的操作面板

班级__________　姓名__________　学号__________　成绩__________

一、填空题

1．按钮“____________”用于程序编辑过程中程序字的插入，而按钮“________”用于参数或补偿值的输入。

2．解释各按钮的含义：EDIT 表示__________，HANDLE 表示__________，______表示在线加工。

3．通常情况下，手摇脉冲发生器顺时针转动方向为刀具进给的_____向，逆时针转动方向为刀具进给的_____方向。

4．写出本地区四个常用数控系统：__________、__________、__________、__________。

5．用于显示刀具坐标位置的功能键是________________，用于设定并显示刀具补偿值、工作坐标系、宏程序变量的功能键是________________。

二、判断题

1．当出现紧急情况而按下急停按钮时，在屏幕上出现“EMG”字样，机床报警指示灯亮。（　）

2．在自动加工的空运行状态下，刀具的移动速度与程序中指令的进给速度无关。（　）

3．按下机床急停操作开关后，除能进行手轮操作外，其余的所有操作都将停止。（　）

4．当程序保护开关处于“ON”位置时，即使在“EDIT”状态下也不能对 NC 程序进行编辑操作。（　）

5．在任何情况下，程序段前加“/”符号的程序段都将被跳过执行。（　）

三、选择题

1．用符号“CCW”标注的按钮是用于控制（　）的按钮。

A．主轴正转　B．主轴反转　C．主轴停转　D．刀架转位

2．按钮“F0”“F25”“F50”和“F100”用于控制数控机床的（　）倍率。

A．快速进给　B．手摇进给

C．增量进给　D．手动进给

3．以下数控系统中，我国自行研制开发的系统是（　）。

A．FANUC　B．大森　C．三菱　D．华中数控

4．下列按钮中，用于机床空运行的按钮是（　　）。

A．SBK　　B．MLK　　C．OPT STOP　　D．DRN

5．在机床循环启动状态下，按下（　　）按钮，程序运行及刀具运动将处于暂停状态，其他功能，如主轴转速、冷却等保持不变。

A．CYCLE STOP　　B．RESET　　C．REF　　D．CW

四、问答题

1．试列出目前常用的数控系统及其型号。

2．简述机床面板的功能。

3．将下列按钮图标和对应的中、英文名称用直线连接，并在中文名称后说明该按钮的功能。

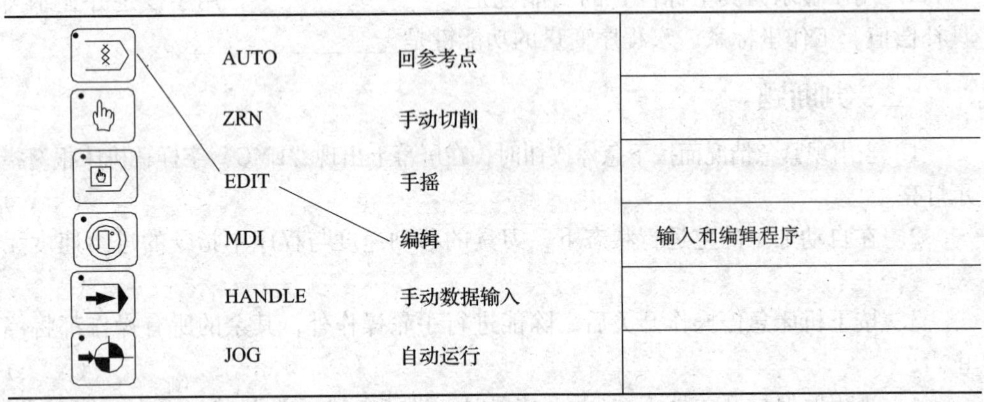

沿虚线剪下

任务3　数控铣床/加工中心的手动操作

班级＿＿＿＿＿　姓名＿＿＿＿＿　学号＿＿＿＿＿　成绩＿＿＿＿＿

一、填空题

1. 在手动方式下将手轮倍率开关置于“×100”位置，手轮旋转360°刀具移动的距离为＿＿ mm。

2. 在右手定则的笛卡儿坐标系中，大拇指指向＿＿轴的正方向，食指指向＿＿轴的正方向，中指指向＿＿轴的正方向。

3. 在机床坐标系中，平行于＿＿＿的方向为 Z 方向，而＿＿轴的方向一般为水平方向，同时规定刀具＿＿＿工件的方向为正方向。

4. 数控机床显示机床位置的画面中有三个坐标系：即＿＿＿＿＿、＿＿＿＿＿和相对坐标系。

5. 对于工件运动而刀具不动的机床，在确定机床坐标系的方向时规定：＿＿＿＿＿＿＿＿＿＿＿＿＿＿＿＿＿＿＿＿＿＿＿＿＿＿＿＿＿＿＿＿＿＿＿＿＿。

6. 开机回参考点的目的是建立＿＿＿＿＿。这种针对某一工件并根据零件图样建立的坐标系称为＿＿＿＿＿＿（亦称编程坐标系）。

7. 手动方式的模式选择按钮为“＿＿＿＿”，手摇方式的模式选择按钮为“＿＿＿＿”，而回参考点的模式选择按钮为“＿＿＿＿”。

8. 找出工件坐标系在机床坐标系中位置的过程称为＿＿＿＿＿＿。

二、判断题

1. 当机床出现超行程报警时，按下复位按钮“RESET”即可使超行程报警解除。（　　）

2. 数控机床上的机床参考点与机床坐标零点在进给轴方向上的距离可以在机床出厂时设定。（　　）

3. 数控机床的坐标系采用符合左手定则规定的笛卡儿坐标系。（　　）

4. 数控机床的机床原点与机床参考点必定重合。（　　）

5. 机床报警指示灯变亮后，通常情况下是通过关闭机床面板上的报警指示灯按钮来熄灭该指示灯的。（　　）

6. 增量进给的最小增量步长是按照脉冲当量来作为单位的，通常情况下，最小增量步长取0.001 mm。（　　）

7. 手动返回参考点时，返回点不能离参考点太近，否则会出现机床超行程报警。（　　）

8. 手摇进给的进给速率可通过进给速度倍率旋钮进行调节，调节范围为0%～150%。（　　）

三、选择题

1. 手动返回参考点须在（　　）方式进行。

A. MDI　　B. REF　　C. JOG　　D. NC ON

2. 限位开关的作用是（　　）。

A. 线路开关　　B. 过载保护　　C. 欠压保护　　D. 位移控制

3. 数控机床的 B 轴是指绕（　　）旋转的轴。

A. X 轴　　B. Y 轴　　C. Z 轴　　D. 主轴

4. 数控机床坐标系各坐标轴确定的顺序依次为（　　）。

A. $X/Y/Z$　　B. $X/Z/Y$　　C. $Z/X/Y$　　D. $Z/Y/X$

5. 机床没有返回参考点，如果按下快速进给，通常会出现（　　）情况。

A. 不进给　　B. 快速进给　　C. 手动连续进给　　D. 机床报警

6. 对于大多数数控机床，开机第一步总是先使机床返回参考点，其目的是建立（　　）。

A. 工件坐标系　　B. 机床坐标系

C. 编程坐标系　　D. 工件基准

7. 为了保障人身安全，在正常情况下，电气设备的安全电压规定为（　　）V。

A. 42　　B. 24　　C. 12　　D. 36

8. 当机床屏幕上出现"SERVOI DRIVE OVERHEAT"的报警信息时，则产生报警的原因是（　　）。

A. 切削液位低　　B. 伺服系统没有准备就绪

C. 伺服系统过热　　D. 刀具夹紧状态不正常

9. 对于数控机床的 Z 坐标轴，下列描述正确的是（　　）。

A. Z 坐标轴平行于主轴轴线

B. 一般是水平的，并与工件装夹面平行

C. 按右手笛卡儿坐标系确定，任何坐标均可以定义为 Z 轴

D. Z 轴的负方向是远离工件的方向

10. 在增量进给方式下向 X 轴正向移动 0.1 mm，增量步长选"×10"，则要按下"+X"方向移动按钮（　　）次。

A. 1　　B. 10　　C. 100　　D. 1 000

四、问答题

若机床出现超行程报警，如何使机床恢复正常工作？

沿虚线剪下

任务4　数控铣床/加工中心程序的输入与编辑

班级＿＿＿＿＿＿　姓名＿＿＿＿＿＿　学号＿＿＿＿＿＿　成绩＿＿＿＿＿＿

一、填空题

1. 数控系统可以识别的＿＿＿＿称为程序，制作程序的过程称为＿＿＿＿＿。

2. 数控编程可分为＿＿＿＿＿和＿＿＿＿＿＿＿两类。

3. 实现自动化编程的方法主要有＿＿＿＿＿＿自动编程和＿＿＿＿＿自动编程两种，其中后者利用＿＿＿＿＿＿＿软件生成加工程序。

4. 一个完整的程序由＿＿＿＿＿＿、＿＿＿＿和＿＿＿＿＿＿三部分组成。

5. FANUC 系统的程序号以字母＿＿开头，其后为＿＿＿＿＿，数字前的零可以省略。

二、判断题

1. M99 与 M30 指令的功能是一致的，它们都能使机床停止一切动作。（　　）

2. “AUTO” 模式下的按钮，如 “MLK” “DRN” “BDT” 等，均为单选按钮，只能选择其中的一个，不能复选。（　　）

3. 只有在 “MDI” 或 “EDIT” 方式下，才能进行程序的输入操作。（　　）

4. 在插入新程序的过程中，如果新建的程序号为内存中已有的程序号，则新程序将替代原有程序。（　　）

5. 在 “EDIT” 模式下，按下 “RESET” 键即可使光标跳到程序开头。（　　）

6. 数控机床空运行主要用于检查零件的加工精度。（　　）

7. 在 FANUC 系统中编辑加工程序，如要输入字母 “E”，只需连续按下按钮 “EOB/E” 两次即可。（　　）

8. 机床返回参考点后，如果按下急停开关，机床返回参考点指示灯将熄灭。（　　）

9. 准备功能字 G 代码主要用来控制机床主轴的开、停，切削液的开关和工件的夹紧与松开等机床准备动作。（　　）

10. 程序段的执行是按程序段数值的大小顺序来进行的，程序段号数值小的先执行，大的后执行。（　　）

三、选择题

1. 程序段前加符号 “/” 表示（　　）。

A. 程序停止　　B. 程序暂停　　C. 程序跳跃　　D. 单段运行

2. 数控机床空运行主要是用于检查（　　）。

A. 程序编制的正确性　　B. 刀具轨迹的正确性

C. 机床运行的稳定性　　D. 加工精度的正确性

3. 下列指令中，用以控制切削过程中切削速度为 100 m/min 的指令是（　　）。

A. G50 S100　　B. G96 S100　　C. G97 S100　　D. G98 S100

4. 数控编程时，应首先设定（　　）。

A. 机床原点　　B. 机床参考点

C. 机床坐标系　　D. 工件坐标系

5. FANUC 系统在（　　）方式下编辑的程序不能被存储。

A. “MDI”　　B. “EDIT”　　C. “DNC”　　D. 以上均是

6. FANUC 0i 系统中，在程序编辑状态输入“O－9999”后按下“DELETE”键，则（　　）。

A. 删除当前显示的程序　　B. 不能删除程序

C. 删除存储器中所有的程序　　D. 出现报警信息

7. 在编辑模式下，光标处于 N10 程序段，键入地址 N200 后按下“DELETE”键，则将删除（　　）程序段。

A. N10　　B. N200　　C. N10～N200　　D. N200 之后

8. 机床操作面板上用于程序字更改的键是（　　）。

A. “ALTER”　　B. “INSERT”　　C. “DELETE”　　D. “EOB”

9. FANUC 0 系列加工中心，当按下“BDT”开关时，机床执行程序过程中会出现（　　）的情况。

A. 程序暂停　　B. 程序斜杠跳跃　　C. 机床空运行　　D. 机床锁住

四、问答题

根据按钮的图标，完成下列表格的填写。

按钮图标	英文名称	中文含义	功能说明

沿虚线剪下

项目二

数控铣削加工的计算机仿真

任务1　宇龙数控仿真软件的使用

班级__________　姓名__________　学号__________　成绩__________

一、填空题

1. 当前，在数控培训中使用的主要仿真软件有________________、________________、____________________、____________________等。

2. 宇龙仿真系统提供的数控机床主要有_______________、_____________、_____________、______________________________。

3. 宇龙仿真系统提供的控制系统有________系统、____________系统、三菱系统、大森系统、__________系统、____________系统以及PA系统。

4. 用__________单击“方式选择”旋钮，可使该旋钮逆时针旋转；用___________单击该旋钮，可使该旋钮顺时针旋转。

5. 用__________单击操作面板上的按钮即可使该按钮位于接通状态。

二、问答题

1. 试简述宇龙仿真系统提供的主要仿真操作。

2. 试简述宇龙仿真系统提供的碰撞检测，可举例说明。

3．简述设定工件原点的步骤。

三、计算题

1．找出题图 2—1 中 A ~ F 点的 XY 平面坐标值。

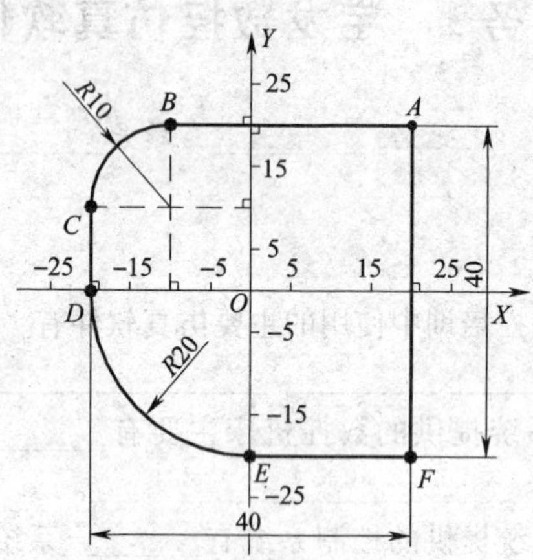

题图 2—1　练习题 1

2．采用手动切削方式加工如题图 2—2 所示工件中的矩形槽，深度 5 mm。试选择合适的刀具，并根据图中给出的信息，计算出 A ~ D 点的 XY 平面坐标值。

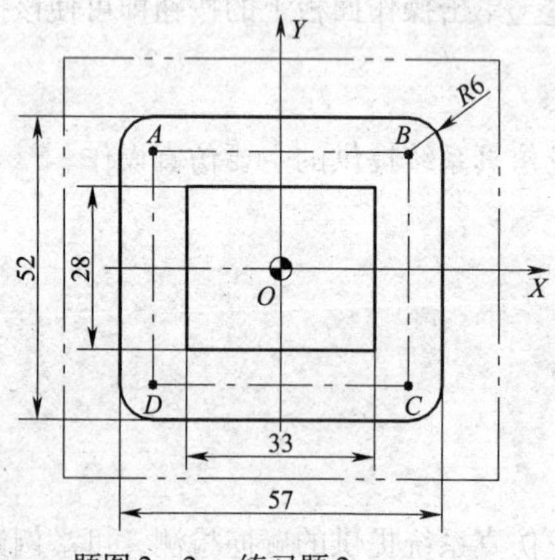

题图 2—2　练习题 2

沿虚线剪下

任务2　仿真加工实例

班级__________　姓名__________　学号__________　成绩__________

1. 简述数控机床加工零件的基本步骤。

2. 简述仿真操作基本步骤。

3. 简述仿真操作与数控机床实际操作的区别。

4. 简述在仿真机床上进行程序输入的方法。

5. 简述在仿真机床上进行对刀的方法。

沿虚线剪下

项目三

铣削平面类零件

任务1　铣削平面零件

班级__________　姓名__________　学号__________　成绩__________

一、填空题

1. 根据加工的需要，进给功能分______________进给和__________进给两种，其单位分别用 mm/min 和 mm/r 表示。

2. 主轴的转速分为线速度（v）和转速（n）两种，前者用 G 代码______表示，后者用 G 代码__________表示，两者的关系为：____________。

3. 主轴正转用指令________表示，主轴反转用指令________表示，主轴停转用指令________表示。

4. 在程序中一经执行即能保持连续有效的代码称为____________，又称为续效指令。仅在编入程序段生效的代码称为____________代码，又称为__________指令。

5. 平面选择指令可分别用 G 代码 G17、G18、G19 来表示，其中 G17 表示选择______平面，G18 表示选择______平面，G19 表示选择______平面。

6. FANUC 系统，可以利用工件坐标系零点偏移指令__________设定工件坐标系，还可以用 G92 指令直接进行工件坐标系设定，局部坐标系用指令______进行设定。

7. ____________系程序中坐标功能字后面的坐标以原点作为基准，坐标指令用 G 代码 G90 来表示；________系程序中坐标功能字后面的坐标以刀具起点作为基准，坐标指令用 G 代码 G91 来表示。

8. 初始化程序“G90 G94 G40 G17 G21 G54;”中 G94 表示________，G21 表示采用________编程。

9. 切削用量是指________、________和__________。

10. FANUC 系统采用____________来进行公、英制的切换。

二、判断题

1. “X100.0;”是一个正确的程序段。　(　　)

2. 当前大多数数控机床使用的脉冲当量为 0.1 mm。　(　　)

3. “G94 G01…F1.5;”表示刀具的进给速度是 1.5 mm/min。　(　　)

4．编程坐标系是标准坐标系。 （ ）

5．在 G00 程序段中不需要编写 F 指令。 （ ）

6．手动换刀时，刀杆夹头和刀柄都要清洁。 （ ）

7．在执行 G00 程序段的整个行程中，刀具的进给速度是始终不变的。（ ）

8．执行 G01 指令的刀具轨迹肯定是一条连接起点和终点的直线轨迹。（ ）

9．指令“G90 G01 X0 Y0;”与指令“G91 G01 X0 Y0;”意义相同。 （ ）

10．机床在自动加工时，必须等刀具移动停止后才可利用进给速度倍率旋钮调节进给速度。 （ ）

三、选择题

1．在自动运行状态下，按下循环启动停止键，机床的（ ）功能将停止执行。

A．主轴转速　　B．刀具移动

C．机床冷却、润滑　　D．以上均是

2．FANUC 系统机床没有返回参考点，如果按下快速进给，通常会出现（ ）情况。

A．不进给　　B．快速进给　　C．手动连续进给　　D．机床报警

3．下列属于程序段号地址的是（ ）。

A．O　　B．G　　C．N　　D．M

4．以下指令中，（ ）是辅助功能指令。

A．M03　　B．G90　　C．Y30.0　　D．S600

5．数字单位以脉冲当量作为最小输入单位时，指令“G91 G01 X100;”表示移动距离为（ ）mm。

A．100　　B．10　　C．0.1　　D．0.001

6．已知刀具直径为 D，转速为 1 000 r/min，则其切削线速度为（ ）m/min。

A．πD　　B．$2\pi D$　　C．$1\,000\pi D$　　D．$\pi D/1\,000$

7．数控编程时，应首先设定（ ）。

A．机床原点　　B．机床参考点

C．机床坐标系　　D．工件坐标系

8．立式加工中心，工件坐标系 Z 方向的原点一般取在工件的（ ）较为合适。

A．下平面　　B．上平面

C．工件对称中心　　D．任意位置

沿虚线剪下

任务2　铣削台阶类零件

班级__________　姓名__________　学号__________　成绩__________

一、填空题

与返回参考点相关的编程指令主要有 G27、G28、G29 三种，其中 G27 指____________，G28 是________________，G29 指____________________。

二、判断题

1. 程序中指定的圆弧插补进给速度，是指圆弧切线方向的进给速度。（　　）
2. 加工任一斜线段轨迹时，理想轨迹都不可能与实际轨迹完全重合。（　　）
3. 通过零点偏置设定的工件坐标系，当机床关机后再开机，其坐标系将消失。（　　）
4. FANUC 0 系列加工中心的 NO. 00 EXT 中设定的值对用 G54 指令设定的坐标系没有影响。（　　）
5. 通常所说的顺时针方向与时钟的转向一致。（　　）

三、选择题

1. FANUC 系统返回 Z 向参考点指令“G91 G28 Z0;”中的“Z0”是指（　　）。

A. Z 向参考点　　B. 工件坐标系 Z0 点

C. Z 向中间点与刀具当前点重合　　D. Z 向机床原点

2. 执行指令“G54；G53；G00 X0.0 Y0.0 Z0.0;”后，刀具所到达的位置为（　　）。

A. 刀具当前点　B. 机床原点　C. 编程原点　D. 加工中心换刀点

3. 程序段“G90 G01 X60.0 Y0 F100；G03 X60.0 Y0 I－60.0 J0;”中描述整圆轮廓插补，所有可以省略的程序字是（　　）。

A. X60.0、Y0　　B. Y0、J0

C. X60.0、Y0、J0　　D. X60.0、Y0、I－60.0

四、综合题

1. 分别用 I、J 及 R 的编程方法编写题图 3—1 中 $A \sim B$ 的四段圆弧。

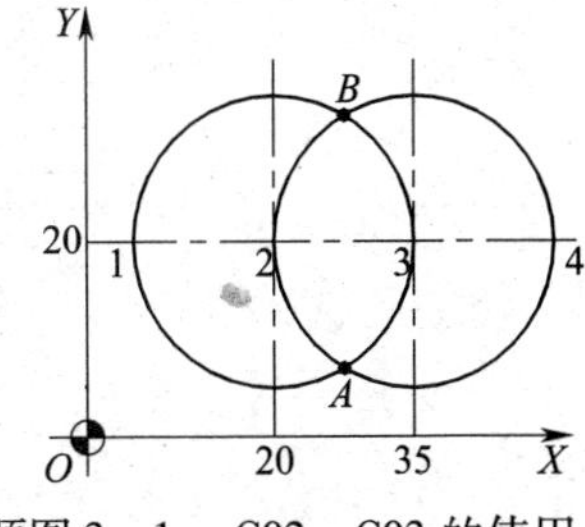

题图 3—1　G02、G03 的使用

圆弧段 1	圆弧段 3
G __ U __ W __ R __; G __ X __ Y __ I __ J __;	G __ U __ W __ R __; G __ X __ Y __ I __ J __;
圆弧段 2	圆弧段 4
G __ U __ W __ R __; G __ X __ Y __ I __ J __;	G __ U __ W __ R __; G __ X __ Y __ I __ J __;

2. 已知某加工程序如下，加工起点为坐标原点，*X*、*Y* 快进速度为 15 m/min，程序如下。

```
O0001;
N05 G54 G94 G40 G21;
N10 G90 G01 X-30.0 Y-20.0 S500 F100 M03;
N20     G01 Y0;
N30     G02 X30.0 Y0 R30.0;
N40         X0 I-15.0 S200 F50;
N50 G91 G03 X-30.0 R15.0;
N60 G90 G00 Y-20.0;
N70     G00 X0 Y0 M05;
N80 M30;
```

（1）分析程序，并完成下表：

执行的程序段号	起点坐标（X、Y）	终点坐标（X、Y）	圆弧半径 mm	进给速度 mm/min	主轴转速 r/min
N10					
N20					
N30					
N50					
N60					

（2）在题图 3—2 中画出刀具中心在 *XY* 平面上的运动轨迹。

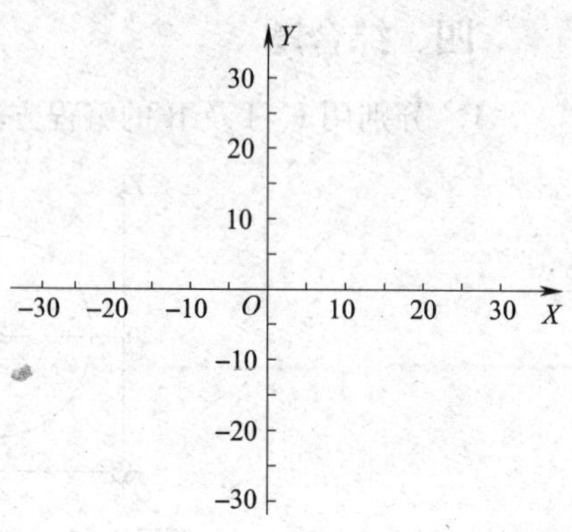

题图 3—2　绘制刀具中心轨迹

沿虚线剪下

任务3 铣削键槽

班级__________ 姓名__________ 学号__________ 成绩__________

一、填空题

1. 不同系统的加工中心，换刀的动作均可分成______________和__________两个基本动作。

2. FANUC 系统加工中心，将刀库上的 1 号刀转到换刀位置的指令是______，将刀库中换刀位置的刀具与主轴上的刀具进行自动交换的指令是__________。

3. 我国使用的刀柄常分成______、________、ST 和 CAT 等几种系列。

4. 主轴准停指令为__________，暂停功能指令为__________。

5. 粗加工时，由于切削力较大，一般选择________________夹头进行装夹。

二、判断题

1. 代码 G01、G02、G03、G04 均属于模态代码。 （ ）

2. 某不带机械手换刀的加工中心，刀库中有 24 个刀位，则机床一共可装 25 把刀具。 （ ）

3. 加工中心和数控车床一样，换刀点的位置是任意的。 （ ）

4. A 型拉钉用于带钢球的拉紧装置，B 型拉钉用于不带钢球的拉紧装置。 （ ）

5. 加工中心一定带有主轴准停功能。 （ ）

三、选择题

1. 切削刀具通过（ ）与数控机床主轴连接。

A. 刀柄 B. 刀杆 C. 夹头 D. 中间模块

2. 数控铣床刀柄一般采用（ ）锥面与主轴锥孔配合定位。

A. 24∶7 B. 1∶20 C. 20∶1 D. 7∶24

3. 通过（ ）的使用，可提高刀柄的通用性。

A. 刀柄 B. 拉钉 C. 夹头 D. 中间模块

4. 指令“G03 G02 G01G00 X100.0 …;”中实际有效的 G 代码指令是（ ）。

A. G00 B. G03 C. G02 D. G01

5. FANUC 系统中，指令“G04 X10.0;”表示刀具（ ）。

A. 增量移动 10.0 mm B. 到达绝对坐标点 X10.0 处

C. 暂停 10 s D. 暂停 0.01 s

四、问答题

标出题图 3—3 中所示图片的名称，并根据图片连线，组成若干个刀具系统。

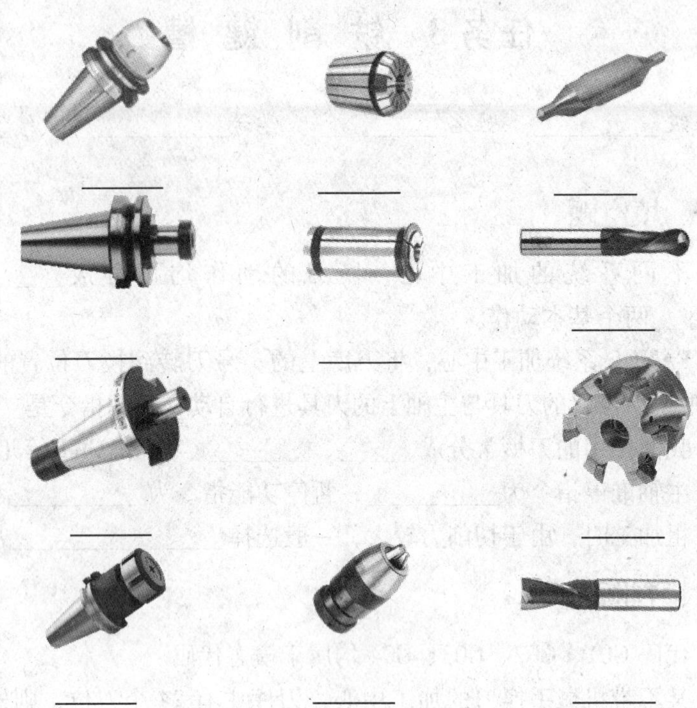

题图 3—3　刀具系统组件选择

五、计算题

工件加工时，已知每齿进给量 f_z = 0.1 mm/z，齿数 z = 3，主轴转速 n = 500 r/min，求每分钟进给速度 F。

六、编程题

如题图 3—4 所示，试完成刀具中心在 XY 面内从 1 点走至 16 点的程序段编写。

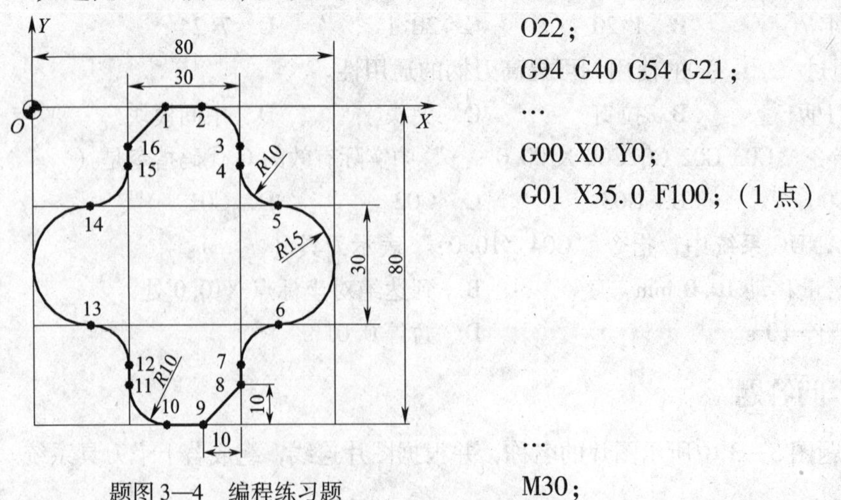

题图 3—4　编程练习题

```
O22;
G94 G40 G54 G21;
…
G00 X0 Y0;
G01 X35.0 F100;（1 点）



…
M30;
```

沿虚线剪下

任务 4　铣削圆弧槽

班级__________　姓名__________　学号__________　成绩__________

一、填空题

1. 机床夹具按其通用化程度可分为__________、__________、成组夹具和组合夹具等几种类型。

2. 成组夹具的特点是使用对象明确、________________和____________。

3. 平口钳具有较大的通用性和经济性，常采用________、________或液压夹紧方式。

二、判断题

1. 在自动加工的空运行状态下，刀具的移动速度与程序中指令的进给速度无关。（　　）

2. 机床返回参考点后，如果按下急停开关，机床返回参考点指示灯将熄灭。（　　）

3. 程序段"G90 G01 X20. 0 Y0 F100；"与程序段"G90 G01 X20. 0 F100；"功能一致。（　　）

4. 数控机床空运行主要用于检查刀具轨迹的正确性。（　　）

三、选择题

1. 下列开关中，用于机床空运行的按钮是（　　）。

A. "SINGLE BLOCK"　　B. "MC LOCK"

C. "OPT STOP"　　D. "DRY RUN"

2. 数控系统的报警大体可以分为操作报警、程序错误报警、驱动报警及系统错误报警，某个程序在运行过程中出现"圆弧端点错误"，这属于（　　）。

A. 程序错误报警　　B. 操作报警

C. 驱动报警　　D. 系统错误报警

四、问答题

1. 写出题图 3—5 所示夹具的名称。

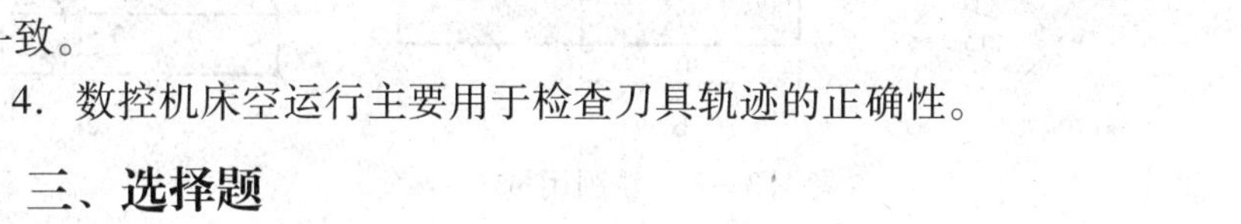

________　________　________　________　_____　_____

题图 3—5　加工中心常用夹具

2. 下表为常用平口钳（见题图 3—6）的型号细目表，试通过查阅资料，完成下表。

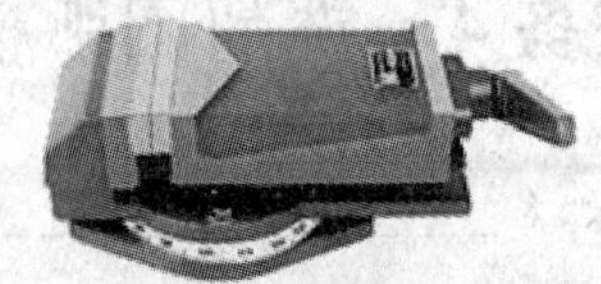

题图 3—6　平口钳

型号	钳口宽度（mm）	最大张开度（mm）	钳口高度（mm）	平面旋转	外形尺寸（$L \times W \times H$）	质量（kg）	价格（元）
HL－QG100	100（4"）	72	42	360°	290×145×120	9.8	
HL－QG125	125（5"）						
HL－QG160	160（6"）						

3．试指出题图 3—7 中所表示的铣削深度 a_p 与铣削宽度 a_e。

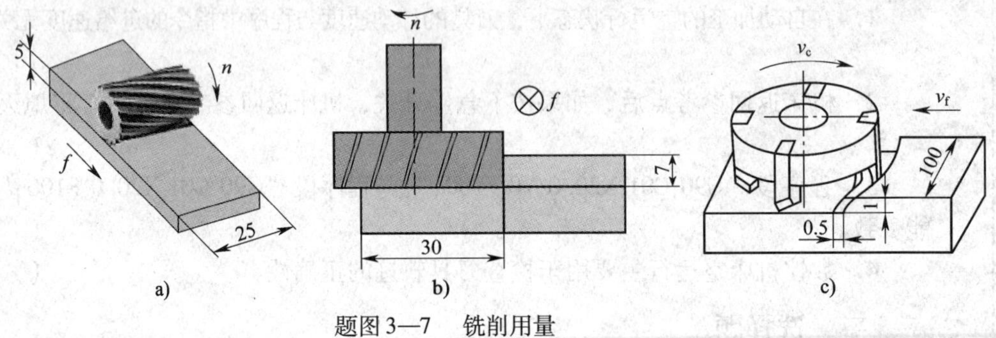

题图 3—7　铣削用量

五、作图题

根据如下程序，在题图 3—8 中画出刀具中心在 XY 面内的走刀轨迹。

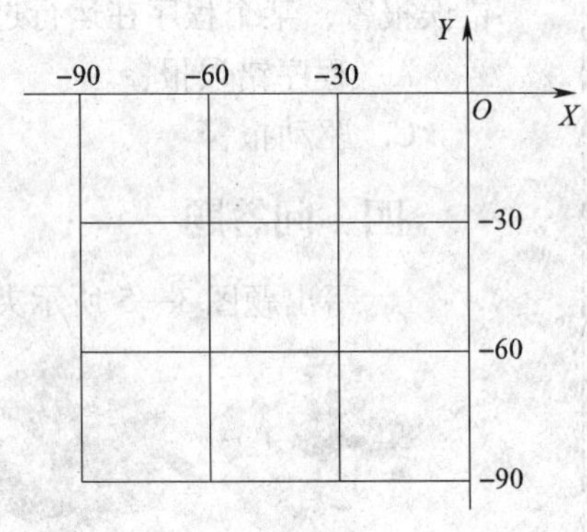

题图 3—8　习题图

```
O002；
N10 G90 G94 G54 G40；
…
N30 G90 G00 X0 Y0；
N40 Y－30.0；（A）
N50 G91 G01 Y－30.0 F100；（B）
N60 G02 X－30.0 Y－30.0 I－30.0；（C）
N70 G90 G01 X－90.0 Y－30.0；（D）
N80 G91 G01 X30.0 Y30.0；（E）
N90 G03 X30.0 Y－30.0 R30.0；（F）
N100 G01 X30.0；（G）
N110 G90 G00 X0 Y0；
…
N200 M30；
```

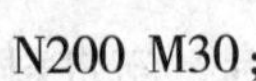

沿虚线剪下

项目四

铣削轮廓类零件

任务1 刀具半径补偿编程

班级__________ 姓名__________ 学号__________ 成绩__________

一、填空题

1. 数控机床根据实际________尺寸，自动改变坐标轴位置，使实际加工轮廓和编程轨迹完全一致的功能，称为刀具补偿功能。刀具补偿分________和________两种。

2. 立铣刀设在 D01 中的半径补偿值为 8，执行指令“N10 G90 G41 G01 X20.0 Y20.0 D01 F00；N20 Y40.0；N30 X40.0；N40 G40 X0 Y0;”后刀具刀位点的绝对坐标位置依次为（____，____）、（____，____）、（____，____）和（____，____）。

二、判断题

1. 一般情况下，加工中心采用刀具半径补偿编程可以简化编程中的数值计算，从而实现简化编程的目的。（　）

2. 当使用刀具补偿时，刀具号必须与刀具偏置号相同，否则机床会执行错误。（　）

3. 对于没有刀具半径补偿功能的数控系统，编程时不需要计算刀具中心的运动轨迹，可按零件轮廓编程。（　）

4. 在工件轮廓的拐角处采用圆弧过渡的刀具半径补偿形式是 B 型刀补。（　）

三、选择题

1. 指令“G41 G01 X16.0 Y16.0 D16；”中的 D16 表示（　）。

A. 刀具的直径值是 16 mm　　B. 刀具的半径值是 16 mm

C. 刀具的地址是 16　　D. 刀具在半径方向的偏移量是 16 mm

2. 用 ϕ16 mm 铣刀按零件实际轮廓编程加工内轮廓，用刀具半径补偿保留 0.2 mm的精加工余量，则设置在该刀具半径补偿存储器中的值为（　）。

A. 16.2　　B. 15.8　　C. 7.8　　D. 8.2

四、综合题

1. 根据程序，在题图 4—1 中画出刀具中心在 *XY* 面内的走刀轨迹。

O002；（工件外轮廓加工，ϕ10 mm 立铣刀）

N10 G90 G94 G54 G40；

…

N40 G00 X－10.0 Y－10.0；（A）

N50 G01 G41 X0 D01 F100；（B）

N60 Y40.0；（C）

N65 X25.0；（D）

N70 G91 G02 X15.0 Y－15.0 R15.0；（E）

N80 G01 Y－25.0；（F）

N90 G90 X15.0；（G）

N95 G03 X0 Y15.0 R15.0；（H）

N100 G01 X－10.0；（I）

N110 G40 G00 Y－10.0；（J）

…

N200 M30；

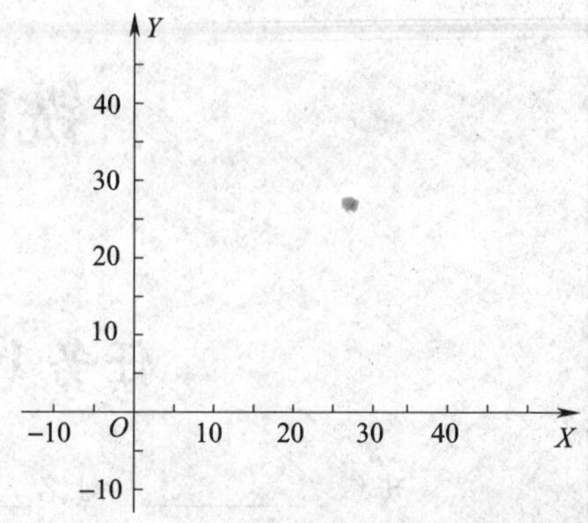

题图 4—1　绘出刀具中心轨迹

2. 选择 ϕ10 mm 立铣刀加工如题图 4—2 所示的工件，已知工件毛坯尺寸为 50 mm×50 mm×15 mm，材料为 45 钢，其加工程序如下，试在程序错误处画横线并改正，将程序不完整的地方补充完整。

O111；

N10 G90 G20 G95 G80 G49；

N30 M03 S600；

N40 G00 X40.0 Y40.0；

N50 Z20.0；

N60 G01 Z－5.0；

N110 G01 G42 Y20.0；

N120 X－10.0；

N130 G03 X－20.0 Y10.0；

N140 G01 Y0；

N150 G02 X0 Y－20.0 R10.0；

N160 G01 X20.0；

N170 Y40；

N180 G40 G01 X40.0；

N200 G00 Z50.0；

N210 M04；

N220 M30；

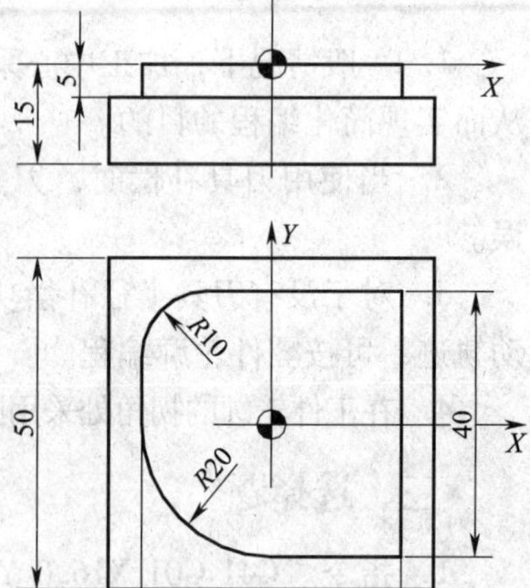

题图 4—2　外轮廓加工图

沿虚线剪下

任务2　刀具长度补偿编程

班级__________　姓名__________　学号__________　成绩__________

一、填空题

1. 三轴联动螺旋线进刀指令格式是________________________________。

2. FANUC 系统中刀具长度加补偿用指令____表示，刀具长度减补偿用指令______表示，而 G49 表示_____________。

3. 模具铣刀是由______发展而成的，模具铣刀的刀柄有直柄、削平直柄和______。

4. 常用轮廓铣削刀具主要有面铣刀、________、________、________和成形铣刀等。

5. 刀片和刀齿与刀体的安装方式有整体焊接式、机夹焊接式、________三种。

二、判断题

1. 采用机械手换刀，主轴必须准停。（　　）
2. 在加工中心上，指令“T0101;”表示换 01 号刀，选择 01 号刀补。（　　）
3. 指令“G02 X__ Y__ R__;”不能用于编写整圆的插补程序。（　　）
4. 面铣刀的端部切削刃为主切削刃。（　　）
5. 模具铣刀是由成形铣刀发展而成的。（　　）
6. 工件坐标系零点偏置 *Z* 方向的设定，也可利用刀具长度补偿设置执行。（　　）
7. 立铣刀可以进行垂直切深进刀，只是进给速度不能太大。（　　）

三、选择题

1. FANUC 系统中，用于取消刀具长度补偿的指令是（　　）。

A. D00　　B. G49　　C. G40　　D. G44

2. FANUC 系统，2 号刀具长度补偿存储器中的值“H02 = 30”，则执行程序段“G90 G00 Z0；G43 G00 Z - 100.0 H02;”后，刀具实际移动量为（　　）mm。

A. -130.0　　B. -100.0　　C. -70.0　　D. -30.0

3. 系统规定三轴联动加工中心的（　　）轴可采用刀具长度补偿。

A. *Z*　　B. *X*　　C. *Y*　　D. 所有

4. 利用刀具长度补偿功能进行工件坐标系 *Z* 向零点偏置值的设定，则设在刀具长度补偿存储器中的值为（　　）。

A. 负值　　B. 正值　　C. 零值　　D. 不确定

5. 刀片或刀齿与刀体的安装方式中，（　　）是当前最常用的一种夹紧方式。

A. 整体焊接式　　B. 机夹焊接式

C. 可转位式　　D. 嵌套式

6. 数控系统中，G54 与下列 G 代码的用途相同的是（　　）。

A. G92　　B. G50　　C. G56　　D. G53

7. 程序段中“G90 G01 X0 Y50.0 F100；G03 X0 Y50.0 I0 J－50.0；”描述整圆轮廓所有可以省略的程序字是（　　）。

A. X0、Y50.0　　B. X0、I0

C. X0、Y50.0、J－50.0　　D. X0、Y50.0、I0

四、问答题

判断题图 4—3 中所表达的两个加工状态分别是顺铣还是逆铣，并陈述理由。

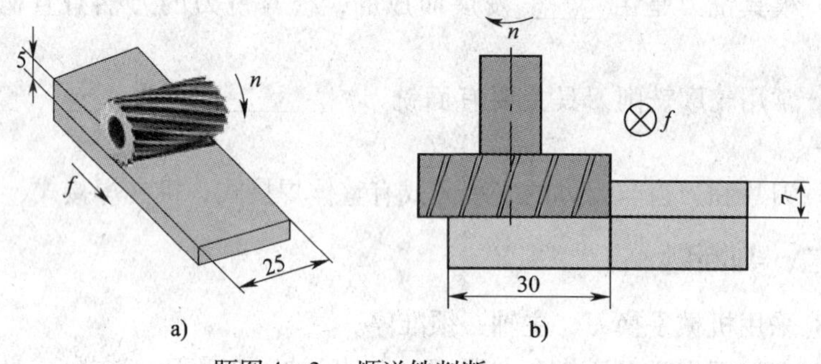

题图 4—3　顺逆铣判断

五、计算题

计算题图 4—4 中 $A \sim D$ 点在 XY 平面内的坐标值。

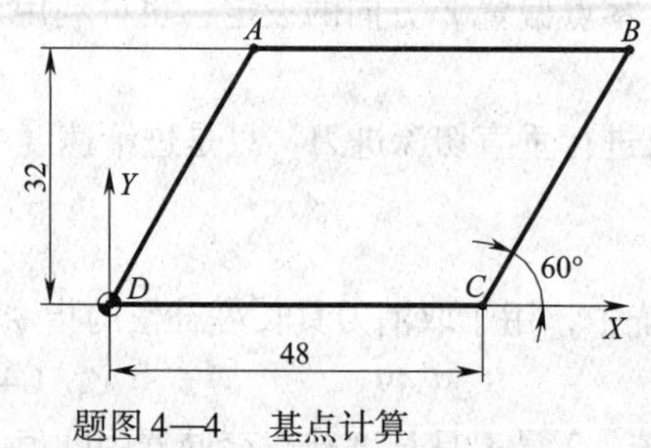

题图 4—4　基点计算

沿虚线剪下

任务3　子程序与坐标平移编程

班级__________　姓名__________　学号__________　成绩__________

一、填空题

1. FANUC 系统中与调用子程序有关的 M 代码是______和________，而与切削液启用有关的 M 代码是________和________。

2. 对刀点的设置原则是：便于__________和简化编程，便于找正，在加工中便于检查，引起的________小。

3. 在铣削零件的内、外轮廓表面时，刀具应尽量沿着轮廓的________方向切入、切出。

4. 子程序调用另一个子程序，这一功能称为子程序的______。一般情况下，FANUC 0 系统中的子程序可以嵌套____级。

5. FANUC 0i 系统指令“M98 P30 L30；”中的 P30 表示________，而 L30 则表示______。

二、判断题

1. 加工中心加工工件时，不同工序内容的程序尽量不要安排在不同的子程序中，以便于程序的校验与调整。（　　）

2. 准备功能指令 G54 是模态指令，G52 是非模态指令。（　　）

3. FANUC 系统主程序和子程序的命名方式完全相同。（　　）

4. FANUC 系统指令“M98 P×××× L××××；”中省略了 L××××，则表示调用子程序一次。（　　）

5. 对于子程序结束指令 M99，必须单独书写一行，否则执行时会产生错误。（　　）

6. 如果在主程序中执行 M99，则程序将返回到主程序的开头并继续执行程序。（　　）

7. 主程序中的模态指令 F、S、G90 等，不能沿用至子程序中，因此在子程序中必须重新编写这些指令。（　　）

8. 指令 G53 的功能是选择机床坐标系或取消坐标系零点偏置。（　　）

三、选择题

1. 辅助功能分为两类：控制机床动作和控制程序执行。下列 M 功能中，控制机床动作的是（　　）。

A. M00　　B. M01　　C. M02　　D. M03

2. 执行指令“G54；G52 X30.0 Y20.0；G52 X20.0 Y30.0；G52 X30.0 Y40.0；”后，当前工件坐标系与 G54 坐标系的偏移量为（　　）。

A. X30.0 Y20.0　　B. X20.0 Y30.0

C. X30.0 Y40.0　　D. X80.0 Y90.0

3. FANUC 0M 系统中指令“M98 P50012;”表示（　　）。

A. 调用子程序 O5001 两次　　B. 调用子程序 O12 五次

C. 调用子程序 O50012 一次　　D. 子程序调用错误格式

4. 如果子程序的返回程序段为“M99 P100;”则表示（　　）。

A. 调用子程序 O100 一次　　B. 返回子程序 N100 程序段

C. 返回主程序 N100 程序段　　D. 返回主程序 O100

5. 如果主程序用指令“M98 P×× L5;”调用子程序，而子程序采用“M99 L2;”返回，则子程序重复执行的次数为（　　）次。

A. 1　　B. 2　　C. 5　　D. 3

6. 在现代数控系统中都有子程序功能，并且子程序（　　）嵌套。

A. 只能有一层　　B. 可以有限层　　C. 可以无限层　　D. 不能

7. 以下代码中，作为 FANUC 系统子程序结束的代码是（　　）。

A. M30　　B. M02　　C. M17　　D. M99

8. 通常采用右刀补进行内轮廓精加工是（　　）铣。

A. 顺　　B. 逆

C. 由工件的进给方向确定顺、逆　　D. 不能确定顺、逆

四、编程题

加工如题图 4—5 所示工件的内轮廓，已知毛坯尺寸为 100 mm × 70 mm × 12 mm，材料为 45 钢，试绘制编程原点并编制数控铣加工程序。

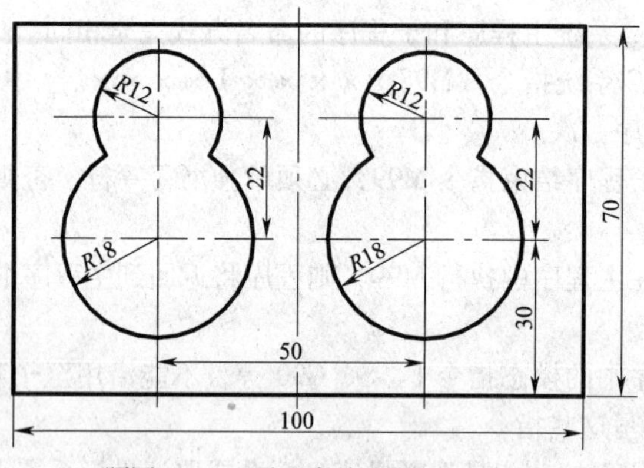

题图 4—5　子程序练习题

沿虚线剪下

任务 4　轮廓铣削综合加工实例

班级__________　姓名__________　学号__________　成绩__________

一、填空题

1. 确定加工余量的方法主要有______________、_____________________、________________。

2. “M98 P200;”表示调用___次子程序名为_____的子程序，“M98 P60030;”表示调用___次子程序名为_________的子程序。

3. 主程序用______或______表示程序结束，而子程序则用_______表示程序结束。

4. 切削液的主要作用有：______、______、________和________。

二、判断题

1. 程序段“G91 G01 X20.0 Y0 F100;”与程序段“G91 G01 X20.0 F100;”功能一致。（　　）

2. 粗加工时，通常将刀具半径补偿值设置为“刀具半径 - 精加工余量”，以保留适当的精加工余量。（　　）

3. FANUC 系统采用刀具半径补偿模式后，可以加工与刀具半径相等的圆弧内角。（　　）

4. 在轮廓铣削加工中，若采用刀具半径补偿指令编程，则刀补的建立与取消应在轮廓上进行，这样的程序才能保证零件的加工精度。（　　）

三、选择题

在进行凹槽切削时，如题图 4—6 所示，下列（　　）最合理。

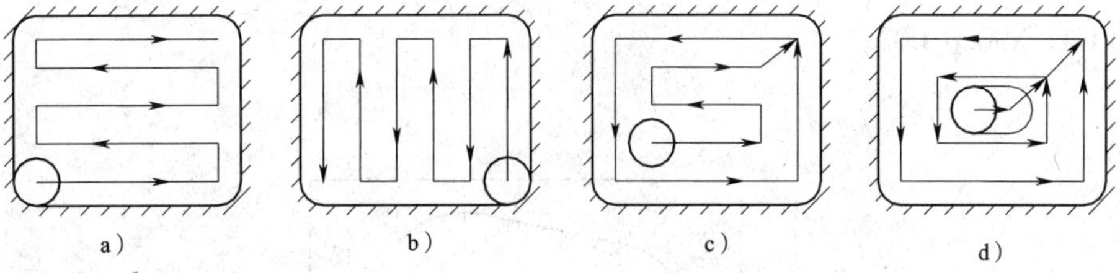

a）　　b）　　c）　　d）

题图 4—6　矩形槽切削方法

a）、b）行切法　c）环切法　d）先行切后环切

A. 图 a　　B. 图 b　　C. 图 c　　D. 图 d

四、作图题

在题图 4—7 中画出走刀路线，并标出加工起点位置。

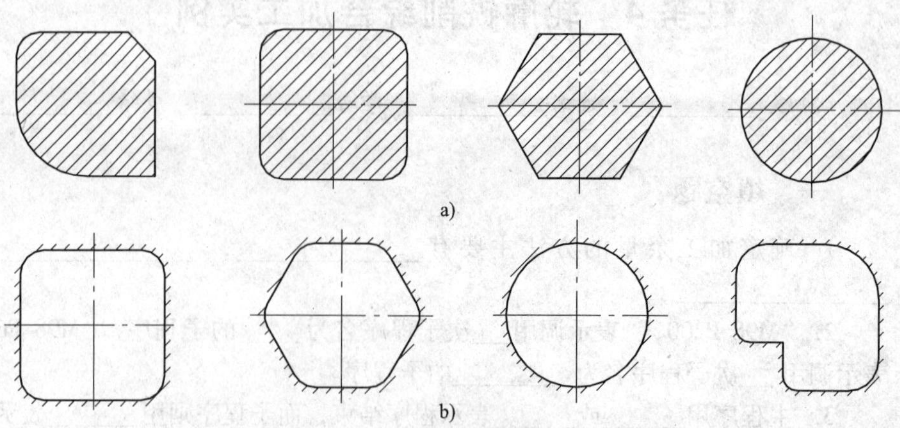

题图 4—7　加工路线绘制

a）外轮廓加工　b）内轮廓加工

五、综合题

加工如题图 4—8 所示工件的内轮廓，加工要求如下：在加工时采用顺铣；*Z* 向工件原点建立在工件上表面，铣削深度 *Z* = −5 mm；利用刀具半径补偿功能进行编程，刀具半径补偿号为 D01。其加工程序如下，试填写程序字，使程序完整。

O11；

N10 G94 G40 G21；

N20 G91 G28 Z0；

N30 ______________；

N40 G00 Z100.0；

N50 X112.0 Y0；

N60 ______________；

N70 Z1.0；

N80 G01 Z −5.0 F100；

N90 G41 X90.0 D02；

N100 G03 X98.0 Y −9.8 R10.0；

N110 ______________；

N120 G03 X122.0 Y14.7 R −15.0；

N130 ______________；

N140 ______________；

N150 G40 G01 X112.0；

N160 G00 Z100.0；

N170 M05；

N180 M30；

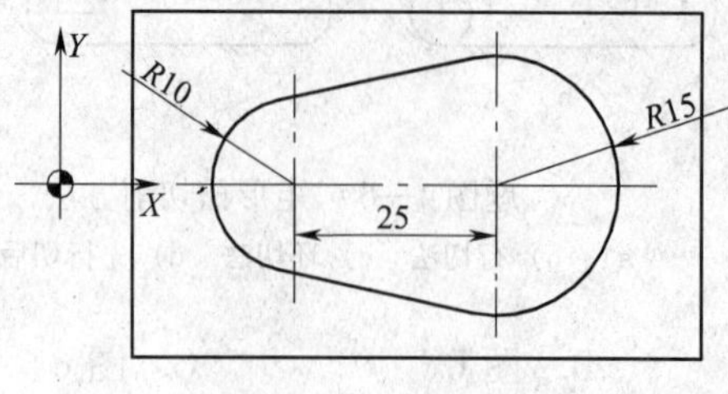

题图 4—8　综合练习图

沿虚线剪下

项目五

铣削孔类零件

任务1 钻、扩、锪孔加工

班级__________ 姓名__________ 学号__________ 成绩__________

一、填空题

1. 刀位点是对刀和加工的基准点。钻头的刀位点是指_______，立铣刀和盘铣刀的刀位点是指____________。

2. 在钻孔时，钻出的孔径偏大的主要原因是钻头的____________________。

3. FANUC 系统孔加工固定循环常用的三个平面从上到下依次为_______、_______和孔底平面。

4. 指令“G73 ~ G89 X __ Y __ Z __ R __ Q __ P __ F __ L __;”中的“Q”指当有间隙进给时，刀具每次的_________，P 指刀具在孔底的____________，F 指刀具切削进给时的___________。

5. 当刀具加工到孔底平面后，刀具从孔底平面返回的方式有两种，即返回到_________和返回到___________，分别用指令_______与_______来表示。

二、判断题

1. 初始平面的设定高度一般应高于夹具、工件凸台等的高度。（　　）

2. 执行孔加工固定循环程序，刀具在初始平面内的移动是以 G00 方式来实现的。（　　）

3. 孔加工固定循环除采用代码 G80 取消外，没有其他取消方法。（　　）

4. 钻加工通孔时，孔底平面取孔底的 Z 轴高度即可。（　　）

三、选择题

1. 下列孔加工指令中，能执行孔底暂停的指令是（　　）。

A. G73　　B. G81　　C. G82　　D. G83

2. 孔加工固定循环刀具下刀时，自快进转为工进的高度平面通常称为（　　）。

A. 初始平面　　B. 参考平面　　C. 孔底平面　　D. 任意平面

3. R 点平面距工件表面的距离主要考虑工件表面的尺寸变化，一般情况下取（　　）mm。

A. 0~1　　B. 2~5　　C. 6~8　　D. 9~10

4. 固定循环中，刀具从初始平面到 *R* 点平面的移动方式是（　　）。

A. G00　　B. G01

C. 根据不同的固定循环确定　　D. 由编程决定

5. 固定循环中 P 的单位是（　　）。

A. s　　B. ms　　C. m　　D. mm

四、问答题

1. 试述孔加工固定循环的工作过程。

2. 试述深孔钻循环指令 G73 与 G83 的区别。

五、综合题

加工如题图 5—1 所示的工件，已知毛坯尺寸为 80 mm×80 mm×40 mm，材料为 45 钢，试填写程序字、程序段，使程序完整。

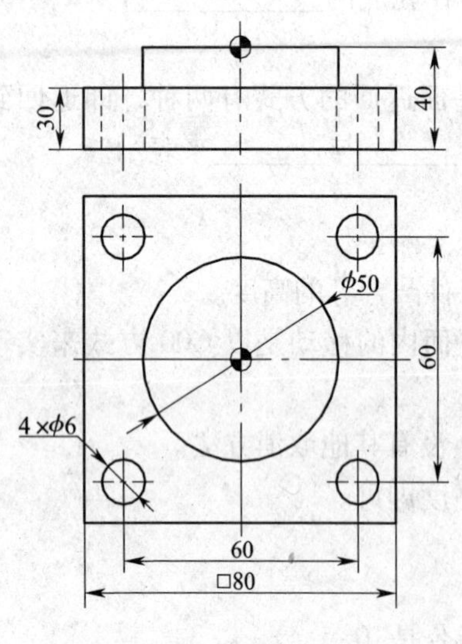

题图 5—1　钻孔练习题

O001；（ϕ6 mm 孔加工）
N10 G90 G94 G80 G21 G17 G54 G40；
N20 G91 G28 Z0；
N30 ____________；
N40 M03 ______ M08；
N50 _______ X－30.0 Y30.0 ________ F100；
N60 　　X30.0 Y30.0；
N70 　　X30.0 Y－30.0；
N80 ________________；
N90 G80 M09；
N100 G91 G28 Z0；
N110 M30；

沿虚线剪下

任务2　铰孔与镗孔加工

班级＿＿＿＿＿　姓名＿＿＿＿＿　学号＿＿＿＿＿　成绩＿＿＿＿＿

一、填空题

1. 粗镗孔循环 G86 指令的指令格式为＿＿＿＿＿＿＿＿＿＿＿＿＿＿＿。

2. 精镗孔循环 G76 指令的指令格式为＿＿＿＿＿＿＿＿＿＿＿＿＿＿＿。

3. 在数控铣床及加工中心上能方便地加工出＿＿＿＿＿＿＿级精度的孔。

4. 为了减小切削过程中由于受＿＿＿＿＿作用而产生的振动，粗镗钢件孔时，取主偏角为60°~75°，在加工铸铁孔或精镗时，取主偏角为＿＿＿＿＿＿。

5. 粗镗刀刀杆顶部有两个锁紧螺钉，分别起＿＿＿＿＿和＿＿＿＿＿＿＿作用。

6. 精镗刀目前较多地选用精镗可调镗刀和＿＿＿＿＿＿＿＿＿＿。

7. 标准铰刀校准部分的作用是＿＿＿＿＿＿＿、＿＿＿＿＿＿和＿＿＿＿＿＿＿。

二、判断题

1. 采用循环指令 G88 进行镗孔，不仅能提高孔的加工精度，还能提高镗孔的加工效率。（　　）

2. 固定循环 G87 指令在 G91 方式下的 R 值为正值，其他固定循环在 G91 方式下的 R 值为负值。（　　）

3. 执行 G87 指令时，刀具将分别在初始平面和孔底平面实现主轴准停。（　　）

4. G76 指令执行完成返回初始平面后，主轴中心与孔中心发生了偏移，偏移量等于 Q 值。（　　）

5. 浮动式镗刀在镗削时不但能自动处于孔中心位置，而且能矫正孔的直线度误差和孔的位置度误差。（　　）

6. 用内径百分表测量内孔时，必须细心地摆动表测量杆，所得最大值，即所测孔的实际尺寸。（　　）

7. 加工通孔时，往往选用正刃倾角的镗刀。（　　）

8. 在钻孔固定循环方式中，刀具长度补偿功能有效。（　　）

9. 单刃镗刀与双刃镗刀相比，每转进给量可提高一倍左右，生产效率高。（　　）

三、选择题

1. 固定循环 G87 指令在 G91 方式下的 Z 值为（　　）值。

A. 正　　B. 负　　C. 可能正可能负　　D. 0

2. 下列指令中，刀具以切削进给方式加工到孔底，然后以切削进给方式返回

到 R 点平面的指令是（　　）。

A．G85　　B．G86　　C．G87　　D．G88

3．下列指令中，刀具以切削进给方式加工到孔底，然后主轴停转，刀具快速退到 R 点平面后主轴正转的指令是（　　）。

A．G85　　B．G86　　C．G87　　D．G88

4．固定循环 G87 指令中的 Q 值是指（　　）。

A．刀具间歇进给时的每次加工深度

B．主轴准停后刀具反方向的偏移量

C．刀具在孔底的暂停时间

D．总镗孔长度

5．下列固定循环指令中，不能用 G99 方式进行编程的指令是（　　）。

A．G85　　B．G86　　C．G87　　D．G88

6．执行 G76 指令时，刀具从孔底平面以主轴（　　）方式退回 R 点平面。

A．正转快速进给　　B．正转切削进给

C．准停快速进给　　D．反转切削进给

7．（　　）可修正上一工序所产生的孔的轴线位置偏差，保证孔的位置精度。

A．镗孔　　B．扩孔　　C．铰孔　　D．钻孔

8．镗削加工 ϕ50 mm 孔时，为了增加刀杆的刚度，镗刀杆的直径一般取（　　）mm。

A．ϕ20　　B．ϕ30　　C．ϕ35　　D．ϕ45

9．精镗刀刀头上往往带有刻度盘，每格刻线表示刀头的调整距离为（　　）。

A．0.01　　B．0.02　　C．0.001　　D．0.002

10．如题图 5—2 所示，其中（　　）图显示的孔加工过程为 G87 指令。

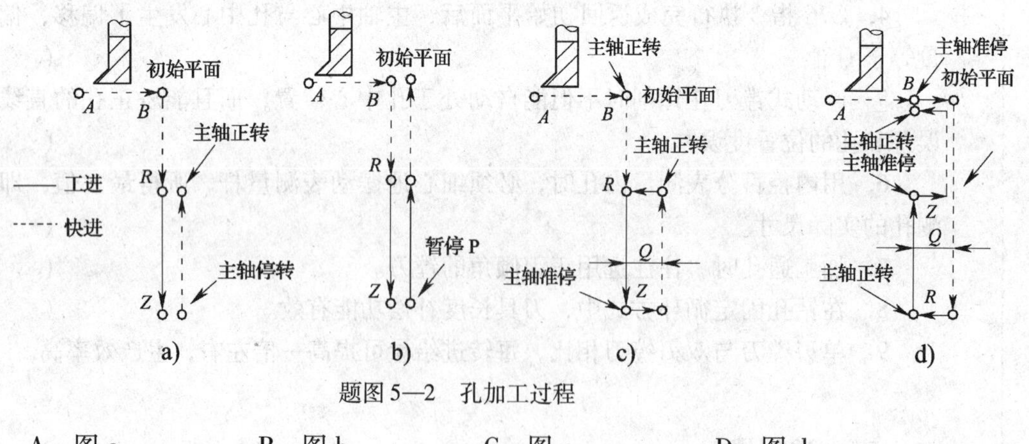

题图 5—2　孔加工过程

A．图 a　　B．图 b　　C．图 c　　D．图 d

沿虚线剪下

任务3　攻螺纹与铣螺纹

班级__________　姓名__________　学号__________　成绩__________

一、填空题

1. 攻螺纹循环G84指令的指令格式为：______________________。

2. __________循环指令为左旋螺纹攻螺纹循环，执行该循环时，主轴______，在G17平面定位后__________，执行攻螺纹，到达孔底后，主轴__________退回到R点，主轴恢复__________，完成攻螺纹动作。

3. 刚性攻螺纹中通常使用__________，这种攻螺纹刀柄采用棘轮机构来带动丝锥，当攻螺纹转矩________棘轮机构的转矩时，丝锥在棘轮机构中打滑，从而防止丝锥________。

4. 一般对于直径在____以上的螺纹，可采用螺纹镗刀镗削加工，对于直径在________的螺纹可采用攻螺纹的加工方法。

5. 普通螺纹分__________和细牙普通螺纹。

二、判断题

1. 在G74与G84攻螺纹期间，进给倍率、进给保持均被忽略。（　）

2. 在指定固定循环指令G74前，应先指定主轴反转。（　）

3. 铣螺纹前的底孔直径必须大于螺纹标准中规定的螺纹小径。（　）

4. M20×1.5LH是指螺距为1.5 mm的细牙普通右旋螺纹。（　）

5. 在加工中心上，同一把丝锥既可加工左旋螺纹，又可加工右旋螺纹。（　）

6. 利用同一把螺纹镗刀可以镗削不同螺距、不同旋向的螺纹。（　）

7. 粗牙螺纹，每一种尺寸规格螺纹的螺距是固定的。（　）

8. 底孔直径太大会导致丝锥折断。（　）

9. 量块是由不易变形的耐磨材料（如铬锰钢）制成的长方形六面体，它的六个面都是工作表面。（　）

10. 选用量块组合尺寸时，为了减少积累误差，应尽量采用最少的块数。（　）

三、选择题

1. 执行固定循环的（　）指令时，主轴刀具孔底的动作为暂停后变为正转。

A. G74　B. G76　C. G84　D. G86

2. 下列指令中，在切削过程中主轴反转，在返回过程中主轴正转的固定循环指令是（　）。

A. G74　B. G84　C. G76　D. G86

3. 采用G74模式时，攻螺纹进给量F=（　）。

A. 导程　B. 导程×转速　C. 螺距　D. 螺距×转速

4. 丝锥夹头一般选择（　　）。

A. ER 弹簧夹头　　B. KM 弹簧夹头

C. 强力夹头　　D. 浮动夹头

5. 用深度尺测量工件时，测量杆的轴线应与被测面保持（　　）。

A. 平行　　B. 平面　　C. 贴平　　D. 垂直

6. 加工 M10 的粗牙螺纹时，孔底直径应加工至（　　）mm 较为合适。

A. ϕ11　　B. ϕ10.2　　C. ϕ8.5　　D. ϕ9

7. 加工螺纹时，应适当考虑其铣削开始时的导入距离，该值一般取（　　）较为合适。

A. 1 ~ 2 mm　　B. 1P　　C. 2P ~ 3P　　D. 5 ~ 10 mm

8. 程序段“G84 X100.0 Y100.0 Z－30.0 R10 F2.0;”中的 2.0 表示（　　）。

A. 螺距　　B. 每转进给量

C. 进给速度　　D. 抬刀高度

9. 丝锥切削部分的前角为（　　）。

A. 6° ~ 8°　　B. 4° ~ 10°　　C. 6° ~ 10°　　D. 8° ~ 10°

四、问答题

在加工中心上攻螺纹，应如何确定螺纹底孔直径？

沿虚线剪下

项目六

数控铣床加工中心编程技巧

任务1 极坐标编程

班级__________ 姓名__________ 学号__________ 成绩__________

一、填空题

1. FANUC 0i 数控系统的极坐标系生效指令为______，极坐标系取消指令为__________。

2. 指令“G90 G17 G16；G01 X50.0 Y60.0；”中的X50.0表示__________，Y60.0指______________。

3. 极坐标原点指定方式有两种：一种是以__________的零点作为极坐标系原点；另一种是以______________作为极坐标系原点。

4. 极坐标指令中，极坐标半径用所选平面的____________来指定，极坐标角度用所选平面的____________来指定，极坐标的零度方向为____________的正方向。

5. 当以编程原点作为极坐标原点时，极坐标（X20.0 Y30.0）在直角坐标系中的坐标为______________。

6. 指令“G90 G17 G16;”中极坐标半径值是指________________的距离，角度值是指________________________________的夹角。

7. 常用的数控刀具材料有_________、____________、____________、陶瓷、立方氮化硼、金刚石等。

8. 选择刀具材料时应考虑的因素有_________、_________、________、导热性、工艺性和经济性、抗黏结性和化学稳定性。

二、判断题

1. YT类硬质合金中含钴量越多，刀片硬度越高，耐热性越好，但脆性越大。（ ）

2. 在极坐标编程过程中要特别注意，极坐标编程不能用于子程序，否则将会出现程序报警。（ ）

3. FANUC系统圆弧插补指令中也能采用极坐标编程。（ ）

4. 当选择G18平面后，该平面中的极坐标半径用所选平面的地址Z来指定。（ ）

5. “G91 G17 G16;”表示以刀具当前点作为极坐标系原点。（　　）

6. 执行 G92 指令时，X、Y、Z 轴均不移动，机床关机后，设定的工件坐标系也会消失。（　　）

7. 图样尺寸以半径和角度的形式标注的零件，采用极坐标编程比用直角坐标系编程方便快捷。（　　）

三、选择题

1. 下列零件中，（　　）宜采用极坐标编写程序。

A. 正多边形　　B. 圆周分布的孔类零件

C. 以半径与角度形式标示的零件　　D. 都可以

2. 极坐标生效指令是（　　）。

A. G15　　B. G16　　C. G17　　D. G18

3. 指令“G90 G17 G16 X100.0 Y30.0;”中，地址 Y 指定的是（　　）。

A. 旋转角度　　B. 极坐标原点到刀具中心的距离

C. Y 轴坐标位置　　D. 时间参数

4. 下列指令中，（　　）表示以工件坐标系零点作为极坐标系原点。

A. G90 G17 G16　　B. G90 G17 G15

C. G91 G17 G16　　D. G91 G17 G15

5. 在 G18 平面中使用极坐标编写程序，极坐标半径由（　　）指定。

A. X　　B. Y　　C. Z　　D. A

6. 下列指令中，用以表示局部坐标系的指令是（　　）。

A. G55　　B. G59　　C. G92　　D. G52

7. 直角坐标系中的坐标点（X10.0，Y10.0），当以编程原点作为极坐标系原点时，则表示该点的极坐标为（　　）。

A. X10.0 Y10.0　　B. X10.0 Y45.0

C. X14.14 Y10.0　　D. X14.14 Y45.0

8. 在 G19 平面内采用极坐标编程时，用该平面地址（　　）来指定极坐标角度。

A. Y　　B. X　　C. Z　　D. Y 或 Z

沿虚线剪下

任务2　坐标系旋转编程

班级＿＿＿＿＿　姓名＿＿＿＿＿　学号＿＿＿＿＿　成绩＿＿＿＿＿

一、填空题

1. 在 FANUC 0i 系统中坐标系旋转生效的指令是＿＿，而坐标系旋转取消的指令是＿＿＿＿＿＿。

2. 指令“G68 X20.0 Y20.0 R30.0;”表示以坐标点＿＿＿＿＿＿＿＿作为旋转中心，＿＿时针旋转 30°。

3. 执行指令“G68 X0 Y0 R45.0; G01 X－10.0 Y10.0;”后，刀具中心所处的位置坐标是＿＿＿＿＿＿＿。

4. 10°36′＝＿＿＿＿°，45°54′＝＿＿＿＿°。

二、判断题

1. 进行坐标系旋转编程后，刀具半径补偿的偏置方向将发生变化，即左刀补变为右刀补，而右刀补相应变成了左刀补。（　）

2. 采用立铣刀加工内轮廓时，铣刀直径应小于或等于工件内轮廓最小曲率半径的 2 倍。（　）

3. 坐标系旋转指令中的 R 表示坐标系旋转的角度，该角度一般取 0～360°的正值。（　）

4. 不能在坐标系旋转指令中执行镜像指令或比例缩放指令，也不能在坐标系旋转指令中执行刀具半径补偿指令。（　）

5. 对于 FANUC 0i 系统，在坐标系旋转取消指令以后的第一个移动指令必须用绝对值指定，否则将不执行正确的移动。（　）

6. 在坐标系旋转方式中，不能指定坐标系零点偏置指令 G54～G59，但能指定返回参考点指令 G28。（　）

7. 采用 CAD 绘图分析基点与节点坐标时，绘图的比例必须按 1∶1 进行。（　）

8. 计算基点的方法中，计算机绘图求解法最为简便。（　）

三、选择题

1. 指令“G68 X15.0 Y20.0 R30.0;”中的“X15.0 Y20.0”是指（　）。

A. 坐标系旋转的起点坐标　　B. 坐标系旋转的终点坐标

C. 坐标系旋转的旋转中心　　D. 坐标系旋转的旋转半径与旋转角度

2. 执行指令“G68 X20.0 Y0.0 R30.0; G01 X10.0 Y0.0 F100;”后，刀具中心所到达的位置为（　）。

A. (10.0, 0.0)　　B. (8.66, 5.0)

C. (11.34, －5.0)　　D. (11.34, 5.0)

3. 轮廓最小圆弧半径与零件轮廓面的最大加工高度的比值（　）时，零件的结构工艺性较好。

A. >0.2　　B. <0.2　　C. >0.1　　D. <0.1

4. 指令“G17 G68 X __ Y __ R __;”中的 R 表示（　　）。

A. 等比例缩放倍数　　B. 旋转角度

C. 旋转半径　　D. 旋转中心 Z 点坐标

5. 坐标系旋转取消指令为（　　）。

A. G69　　B. G68　　C. G16　　D. G51

6. 坐标系旋转指令中的 R 用以指定坐标系旋转的角度，可取（　　）。

A. 0 ~ 360°　　B. 180° ~ 360°　　C. −180° ~ 180°　　D. −360° ~ 360°

7. 在坐标系旋转方式中，只能指定（　　）。

A. G28　　B. G92　　C. G41　　D. G51

8. 铜、铝、金、银中最软的金属是（　　）。

A. 铜　　B. 铝　　C. 金　　D. 银

沿虚线剪下

任务3　坐标镜像编程

班级__________　姓名__________　学号__________　成绩__________

一、填空题

1. 在 FANUC 0i 系统中采用的镜像编程指令有____________和________，相应的镜像取消指令有________和____________。

2. “G17 G51.1 X20.0;”表示______________________________。

3. 指令“G51 X __ Y __ Z __ P __;”中的X、Y、Z值的作用有两个：第一，选择比例缩放的轴；第二，指定______________。P为进行缩放的_____________。

4. 当指令“G51 X __ Y __ I __ J __;”中的I、J值为负值且不等于 -1 时，执行该指令表示既进行___________又进行________。

5. 指令“G51 P2000;”中的缩放中心为_____________。

二、判断题

1. 指令“G51 X1.5 Y2.0;”表示在 *X* 轴方向的缩放比例是1.5，在 *Y* 轴方向的缩放比例是2.0。 (　　)

2. 指令“G51 X1.5 Y2.0 P2000;”中P值不能用小数点指定，且P2000表示等比例放大2倍。 (　　)

3. 执行指令“G51.1 X10.0 Y10.0;”后，原程序中的G02指令变成了G03指令。 (　　)

4. 执行指令“G51.1 X10.0;”后，原程序中的左刀补变成了右刀补。(　　)

三、选择题

1. 指令“G51 X2.0 Y1.5;”的缩放比例为（　　）。

A. 2.0　　B. 1.5

C. 不等比例缩放　　D. 由系统参数确定

2. 如果在比例缩放编程中编写刀具半径补偿，则刀补程序段写在缩放程序段的（　　）。

A. 内部　　B. 外部　　C. 无所谓　　D. 不能编写刀补程序

3. 比例缩放对下列值中除（　　）值外的其余值无效。

A. 刀具半径补偿值　　B. 刀具长度补偿值

C. 刀具磨耗值　　D. 圆弧插补半径值

4. G17平面不等比例缩放中的圆弧插补，圆弧半径将根据（　　）进行缩放。

A. I、J中的较大值　　B. I、J中的较小值

C. I、J值不等比例缩放　　D. 系统参数指定的缩放比例

5. 在执行以下镜像指令过程中，刀具半径补偿的偏置方向与镜像前没有变化的指令是（　　）。

A. G51.1 X10.0 Y10.0　　B. G51 X10.0 I -1.0

C. G51. 1 X10. 0　　　　　　D. G51. 1 Y10. 0

四、作图题

画六边形 *GHIJKL*，其以点（0，0）为中心，将六边形 *ABCDEF*（见题图 6—1）沿 *X*、*Y* 轴各放大 2 倍得到，画六边形 *MNOPQS*，其以点（0，20）为中心，将六边形 *ABCDEF* 沿 *X* 轴放大 2 倍，沿 *Y* 轴放大 1. 5 倍得到。

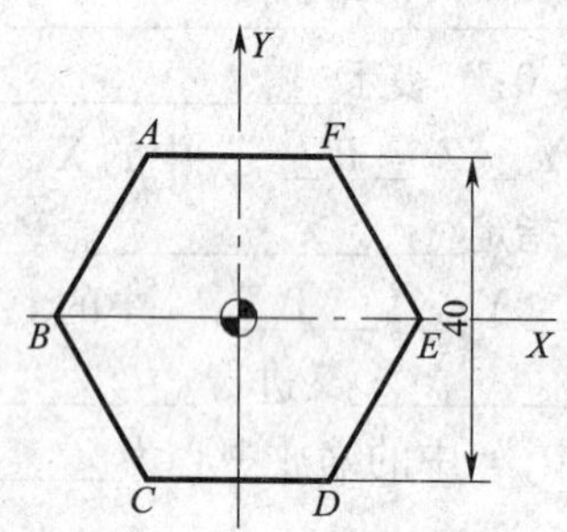

题图 6—1　坐标镜像编程作图题

五、编程题

试用镜像指令编写如题图 6—2 所示工件的加工程序，已知毛坯尺寸为 ϕ50 mm × 30 mm，材料为 45 钢。

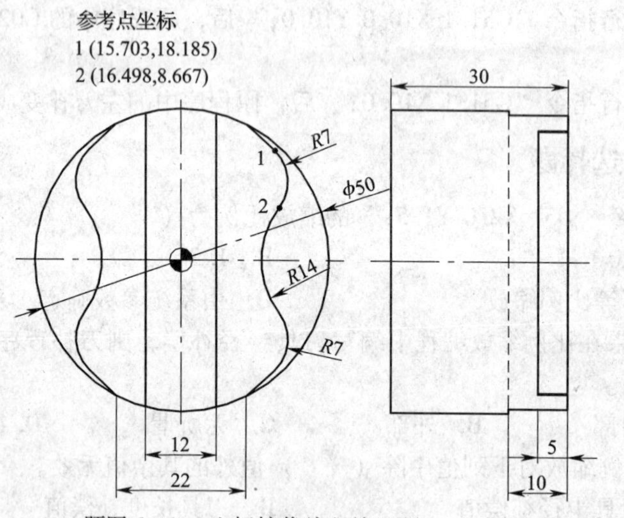

题图 6—2　坐标镜像编程练习题

沿虚线剪下

项目七

宏程序编程

任务1　多孔加工中的宏程序编程

班级__________　姓名__________　学号__________　成绩__________

一、填空题

1. 用户宏程序分成两类，即_____宏程序和_____宏程序。这两种宏程序中能用符号“=”进行赋值的是______宏程序。

2. 变量由符号“_____”和变量号组成，共分成_____变量、______变量和系统变量三种。

3. 将数学表达式转化为B类宏程序表达式：

#101 = 6 * (30^2 * 40 − 20) _____________________________;

#100 = SIN30 * COS50 _____________________________;

#102 = 10 * $\sqrt{124/5}$ _____________________________。

4. 变量的赋值可采用___________与___________的方法。

5. 宏程序数学计算的顺序依次为______________，_____________，加减运算。

6. #100 = 10，#101 = 20，#103 = #100 + #101 + 50，则“G01 X[#100 + 5] Y − #101 F#103;”表示 G01 ___________________________。

7. 当#1 = 5，#2 = 10，变量#[#1 + #2 + 5] 表示_________。

8. B类宏程序的有条件转移语句的格式为______________________，循环指令的格式为“WHILE［条件表达式］DO m”。

二、判断题

1. 表达式“30.0 + 20.0 = #100;”是一个正确的变量赋值表达式。（　）

2. B类宏程序的运算指令中，函数SIN、COS等的角度单位是度，分和秒要换算成带小数点的度。（　）

3. B类宏程序函数中的括号允许嵌套使用，但最多只允许嵌套5级。（　）

4. 宏程序指令“WHILE［条件表达式］DO m”中的“m”表示循环执行WHILE与END之间程序段的次数。（　）

5. 当宏程序A调用宏程序B，而且都有变量#30时，两个#30必须赋相同的值，否则程序不能执行。（　）

6. 指令“IF［#100 LE 0］GOTO 200;”表示当#100≥0 时，程序跳转到 N200 程序段执行，如果条件不成立，则执行下一程序段。（　）

7. FANUC 0i 通常采用 A 类宏程序。（　）

8. 变量包括大变量、混合变量和小变量三种。（　）

9. “#101 = 30.0 + 20.0;”不是直接赋值。（　）

10. 变量可以用表达式表示，但其表达式必须全部写入方括号“[　]”中，例#[#2 + #3 + 5]。（　）

三、选择题

1. 下列变量中，属于局部变量的是（　）。

A. #10　　B. #100　　C. #500　　D. #1 000

2. 下列变量在程序中的书写形式有错误的是（　）。

A. X - #100　　B. Y[#1 + #2]　　C. SIN[- #100]　　D. IF #100 LE 0

3. 指令“#1 = #2 + #3 * SIN[#4];”中最先进行运算的是（　）运算。

A. 赋值　　B. 加运算　　C. 乘运算　　D. 正弦函数

4. B 类宏程序用于开平方根的字符是（　）。

A. ROUND　　B. SQRT　　C. ABS　　D. FIX

5. 在宏程序中用于执行取绝对值的字符为（　）。

A. SQRT　　B. ABS　　C. COS　　D. FUP

6. 函数中 18°30′表示（　）。

A. 18.33°　　B. 18.333°　　C. 18.3°　　D. 18.5°

四、编程题

现要加工一批工件，如题图 7—1 所示，毛坯与轮廓尺寸有可能是 60 mm 与 40 mm，40 mm与 20 mm，70 mm 与 50 mm，请用变量编制一个公共程序。待加工任务要求下达后，只需改变变量，即可利用程序加工出符合要求的工件。

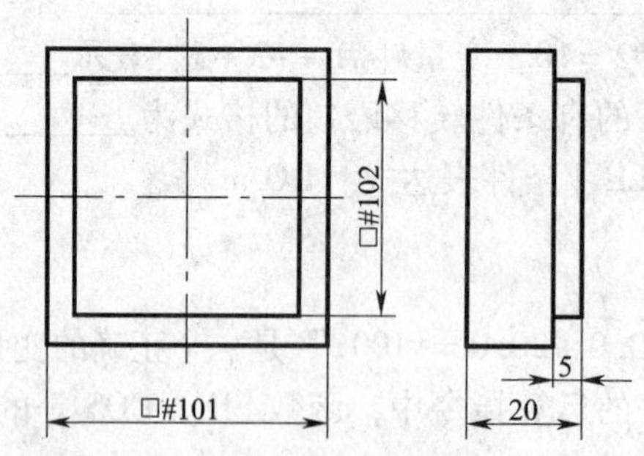

题图 7—1　宏程序编程练习题

沿虚线剪下

任务2　多轮廓加工中的宏程序编程

班级__________　姓名__________　学号__________　成绩__________

一、填空题

1. 宏程序中的变量以角度形式指定时，其最小单位是__________。

2. 表达式“#i = ATAN［#j］”代表的意义是__________。

二、判断题

1. 变量不仅可以进行赋值，也可以进行加、减、乘、除及函数的运算处理。（　　）

2. 变量的赋值可在程序中进行，也可用 MDI 方式直接赋值。（　　）

3. B 类宏程序中的函数 SIN、COS 等的单位是 0.001°。（　　）

4. 若#101 = 20，#102 = 10，#103 = #101/#102，则#103 = 2。（　　）

5. 在宏程序中的“ = ”有两种含义，一种是比较，一种是定义。（　　）

6. 圆弧程序段“G03 X __ Y __ I __ J __;”，无论是在 G90 方式还是在 G91 方式，只要 I、J 为“0”即可省略不写。（　　）

三、选择题

1. 圆的一般方程为 $x^2 - 12x + y^2 - 12y + 47 = 0$，则该圆圆心坐标及半径 R 分别为（　　）。

A.（6，-6），6　　B.（-6，6），10

C.（6，6），5　　D.（12，6），5

2. 直线方程的标准形式为：$y = kx + b$，其中 b 是（　　）。

A. 直线的斜率　　B. 直线在 X 轴上的截距

C. 直线在 Y 轴上的截距　　D. 直线在 Z 轴上的截距

3. “G68 X0 Y0 R#100;”#100 的单位是（　　）。

A. mm　　B. in　　C. 倍率　　D. 度

4. 函数中 18°18′表示（　　）。

A. 18.18°　　B. 18.018°　　C. 18.3°　　D. 18.5°

5. 题图 7—2 所示的正弦曲线的振幅为（　　）。

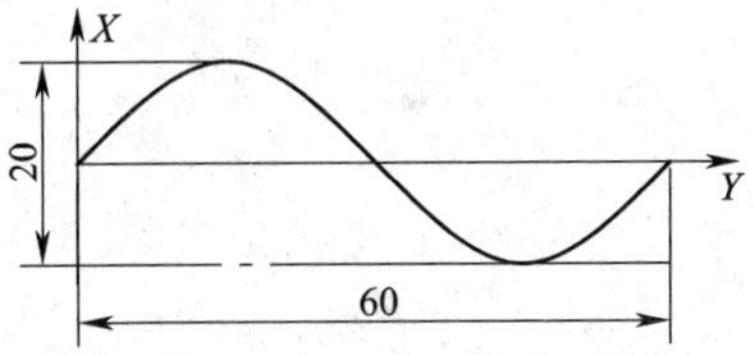

题图 7—2　正弦曲线

A. 10　　B. 30　　C. 20　　D. 60

6. 下列变量在程序中的书写形式有错误的是（　　）。

A. X－#100　　　　B. X［#1＋#2］

C. TAN［－#100］　　　　D. IF #100 GE 0

7. 指令“#100＝#100－#101＊TAN[#100]；”中最先执行的运算是（　　）。

A. 减运算　　　　B. 等号运算

C. 乘运算　　　　D. 函数运算

四、作图题

根据程序，在题图 7—3 中画出刀具中心在 *XY* 面内的走刀轨迹（函数曲线），并写出其数学表达式。

```
O11;
G94 G40 G80 G54 G90;
M03 S500;
#101 = -100.0;
G00 X-100.0 Y-95.0;
G01 Z-5.0 F100;
N100 #102 = #101 + 5.0;
G01 X#101 Y#102;
#101 = #101 + 2.0;
IF [#101 LE 100.0] GOTO 100;
G01 Z50.0;
M05;
M30;
```

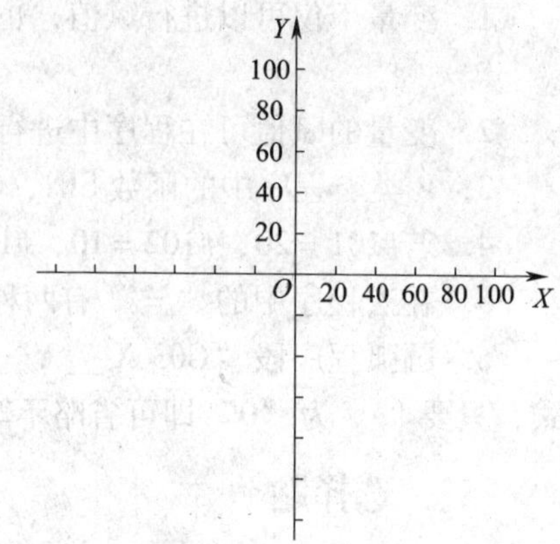

题图 7—3　宏程序作图题

沿虚线剪下

任务3　非圆曲线加工中的宏程序编程

班级__________　姓名__________　学号__________　成绩__________

一、填空题

1. 指令“IF［#100 GT 0］GOTO 100;”表示当______________时，程序跳转到N100程序段执行，如果条件不成立，则执行下一程序段。

2. 对于不规则曲面数控铣削加工，通常采用_________或________等多种切削方法。

3. 对非圆曲线轮廓常用的手工编程拟合计算方法有___________、___________和___________等。

4. 在实际编程中，主要采用________________、________________、运用计算机进行曲线拟合计算来提高曲线拟合精度。

5. 若#110 = 45，#120 = 3，#130 = 2，执行“#140 = #110/#120；#150 = #140 * #130”后，#140 = _______，#150 = ________。

二、判断题

1. #500属于系统变量。　（　　）

2. 在宏程序的运算中，当变量以角度的形式指定时，其单位是0.01°。　（　　）

3. 宏程序数学计算次序为：先乘除，后函数，再加减。　（　　）

4. 变量可以直接用表达式赋值，如10.0 + 20.0 = #101。　（　　）

5. B类宏程序函数中的括号允许嵌套使用，但最多只允许嵌套4级。　（　　）

三、选择题

1. 用户宏程序指（　　）。

A. 由准备功能指令编写的子程序，主程序需要时可使用呼叫子程序的方式随时调用

B. 使用宏程序编写的程序，程序中除使用常用准备功能指令外，还使用了用户宏指令实现变量运算、判断、转移等功能

C. 工件加工源程序，通过数控装置运算、判断处理后，转变成工件的加工程序，由主程序随时调用

D. 一种循环程序，可以反复使用许多次

2. 用户宏程序功能是数控系统具有各种（　　）功能的基础。

A. 自动编程　　B. 循环编程

C. 人机对话编程　　D. 几何图形坐标变换

3. G10的功能是（　　）。

A. 准确停止　　B. 可编程数据输入

C. 直线插补　　D. 圆柱插补

4. 用户宏程序最大的特点是（　　）。

A. 完成某一功能　　B. 嵌套

C. 使用变量　　D. 使用常量

5. 指令“#j GE #k;”中的 GE 表示（　　）。

A. ≥　　B. <　　C. ≤　　D. >

6. B 类宏程序函数中的括号允许嵌套使用，但最多只允许嵌套（　　）级。

A. 3　　B. 4　　C. 5　　D. 6

7. #149 属于（　　）。

A. 局部变量　　B. 公共变量　　C. 系统变量　　D. 都不是

四、编程题

加工如题图 7—4 所示的工件，材料为 45 钢，试编写其数控铣加工程序，要求如下：

1. 列出所用刀具和加工顺序。
2. 编制出加工程序。

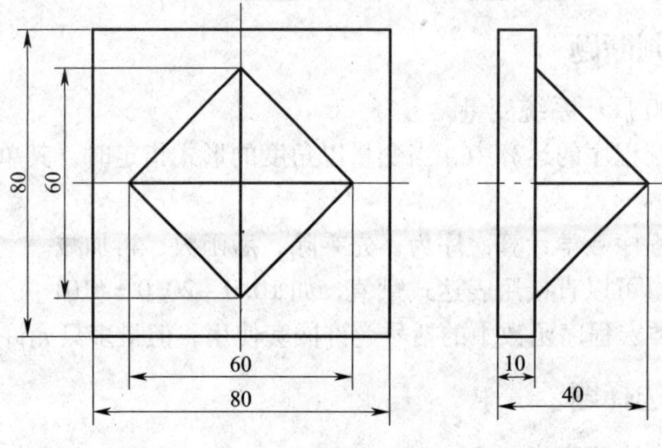

题图 7—4　宏程序编程综合练习题

沿虚线剪下

项目八

Mastercam X 自动编程简介

任务 1　轮廓铣削自动编程

班级__________　姓名__________　学号__________　成绩__________

一、填空题

1. CAD/CAM 是指________________和______________。

2. 写出本地区四个常用数控加工与造型设计的软件：____________、____________、______________、________________。

3. 自动编程中常用的粗加工方式有平面铣削、________、________、曲面流线铣削、__________、__________等几种形式。

4. CAPP 的含义是_______________，CIMS 的含义是______________，FMS 的含义是_________________。

5. 数控传输线的连接方式有______________和_________________两种。

二、判断题

1. 自动编程系统软件中，目前国内应用较广泛的是 Auto CAD2000。　(　　)

2. Mastercam 9.0 中可进行草图编辑。　(　　)

3. 由自动编程软件产生的 NC 程序一般不需修改，可直接用于加工零件。　(　　)

4. RS232 是数控系统中的异步通信接口。　(　　)

5. 软件 Pro/Engineer 由美国 PTC 公司于 1989 年开发而成。　(　　)

三、选择题

1. 下列软件中，我国自行研制开发的是（　　）。

A. CAXA　　B. CITIA

C. CIMATRON　　D. SolidWorks

2. 下列软件中，当前不能进行模具自动分模设计的是（　　）。

A. UG　　B. Pro/E

C. SolidWorks　　D. Mastercam

3. 下列代号中，（　　）是计算机辅助制造的代号。

A. CAD　　B. CAM

C. FMS D. CAPP

四、问答题

1. 简述手工编程的基本步骤。

2. 简述自动编程的基本步骤。

3. 简述手工编程与自动编程的特点。

沿虚线剪下

任务2　曲面铣削自动编程

班级__________　姓名__________　学号__________　成绩__________

一、填空题

1. 通常情况下，非圆曲线拟合误差 δ ______允许误差 $\delta_{允}$，而 $\delta_{允}$一般取零件公差的________。

2. 采用________或_______作为后缀名保存的实体文件可在不同的造型软件中打开。

二、判断题

1. 若零件上每个表面均要加工，则应选择加工余量和公差最大的表面作为粗基准。（　）

2. 曲面采用行切法加工时，可采用减小行距的方法来减少行切法留的残留面积。（　）

三、选择题

1. 通常用球头铣刀加工比较平缓的曲面时，表面粗糙度的质量不会很高，这是由（　）而造成的。

A. 行距不够密　　B. 步距太小

C. 球头铣刀刀刃不太锋利　　D. 球头铣刀尖部的切削速度几乎为零

2. 现在常用的 CAM 软件，如 UG 等都支持（　）轴刀具路径铣削。

A. 2~3　　B. 2~4　　C. 2~5　　D. 2~6

四、问答题

1. 简述后置处理的概念。

2. Mastercam 构建曲面的方法有哪些？

3. Mastercam 构建实体的方法有哪些？

4. Mastercam 曲面加工的方法有哪些?

5. 简述曲面加工的基本步骤。

沿虚线剪下

项目九

典型零件加工实例

任务1　综合实例一

班级________　姓名________　学号________　成绩________

一、选择题

1．评定表面粗糙度时，一般在横向轮廓上评定，其理由是（　　）。

A．横向轮廓比纵向轮廓的可观察性好

B．横向轮廓上表面粗糙度比较均匀

C．在横向轮廓上可得到高度参数的最小值

D．在横向轮廓上可得到高度参数的最大值

2．球头铣刀的球半径通常（　　）所加工凸曲面的曲率半径。

A．小于　　B．大于　　C．等于　　D．A、B、C都可以

3．渗碳的目的是提高钢表层的硬度和耐磨性，而（　　）仍保持韧性和高塑性。

A．组织　　B．心部　　C．局部　　D．表层

4．对未经淬火、直径较小的孔的精加工常采用（　　）。

A．铰削　　B．镗削　　C．磨削　　D．拉削

5．切削用量的选取，在粗加工时，以（　　）作为主要的选择依据。

A．加工精度　　B．生产率

C．经济性和加工成本　　D．工件大小

6．下面程序段正确的是（　　）。

A．G03 X60 Y85 K76 F90；　　B．G03 X60 Y85 J76 F90；

C．G03 X60 Z85 J76 F90；　　D．G03 Y60 Z85 I76 F90；

7．规定螺纹中径公差的目的是控制（　　）。

A．单一中径误差　　B．单一中径和螺距累积误差

C．单一中径和牙型半角误差　　D．单一中径、螺距累积误差和牙型半角误差

8．淬火的主要目的是将奥氏体化的工件淬成（　　）。

A．肖氏体或卡氏体　　B．索氏体和洛氏体

C．马氏体　　D．肖氏体

9．机床通电后应首先检查（　　）是否正常。

A. 加工路线 B. 各开关按钮和键

C. 电压、油压、加工路线 D. 工件精度

10. 进行孔类零件加工时，钻孔→扩孔→倒角→铰孔的方法适用于（ ）。

A. 小孔径的盲孔 B. 高精度孔

C. 孔位置精度不高的中小孔 D. 大孔径的盲孔

二、判断题

1. 采用立铣刀加工内轮廓时，铣刀直径应小于或等于工件内轮廓最小曲率半径的 2 倍。（ ）

2. 铣削时，铣刀的切削速度方向和工件的进给方向相同，这种铣削方式称为顺铣。（ ）

3. 若机床具有刀具半径自动补偿功能，无论是按假想刀尖轨迹编程还是按刀心轨迹编程，当刀具磨损或重磨时，均不需要重新编写程序。（ ）

4. 当机件具有倾斜机构，且倾斜表面在基本投影面上的投影不反映实形时，可采用后视图和仰视图表达。（ ）

5. 用刀具直径为 10 mm 的高速钢立铣刀铣削钢件时，主轴转速为 820 r/min，切削速度为 56 m/min。（ ）

6. 外轮廓铣削加工时，刀具的切入与切出点应选在零件轮廓两几何元素的交点处。（ ）

7. 粗加工塑性材料，为了保证刀头强度，铣刀应取较小的后角。（ ）

8. 采用油脂润滑的主轴系统，润滑油脂的用量要充足，这样有利于降低主轴的温升。（ ）

9. 加工中心的 X 轴动作异常时，维修人员在查找故障时将 X 轴和 Z 轴电动机的电枢线和反馈线对调，进行点动操作，并根据对调后出现的现象进行分析，查找故障，这种方法称为同类对调法。（ ）

10. 同步齿形带传动时，由于齿带较薄，惯性效应小，因此允许线速度比较高（一般可达 40 m/s），带轮直径可以很小，故传动比范围大，结构紧凑。（ ）

三、简答题

1. 验收新购置的加工中心时，为什么要对机床参数表进行备份？

2. 何谓加工中心的参考点？返回参考点的方式有哪两种？简要说明两者的特点。

沿虚线剪下

任务 2　综合实例二

班级__________　姓名__________　学号__________　成绩__________

一、选择题

1. 当（　　）中通过的电流大于规定值时，就会自动分断电路，使电气设备脱离电源，起过载短路和保护作用。

A. 开关　　B. 继电器　　C. 熔断器　　D. 接触器

2. 奥氏体冷却到（　　）开始析出珠光体。

A. PSK 线　　B. ES 线　　C. GS 线　　D. ACD 线

3. 低合金工具钢多用于制造丝锥、圆板牙和（　　）。

A. 钻头　　B. 高速切削刀具

C. 车刀　　D. 铰刀

4. （　　）属于计算机辅助制造（CAM）的间接应用。

A. 根据生产作业计划的生产进度信息控制物料的流动

B. 工况偏离作业计划时，及时给予协调与控制

C. 计算机辅助 NC 程序编制

D. 计算机过程控制系统

5. 毛坯的形状误差对下一工序的影响表现为（　　）复映。

A. 计算　　B. 公差　　C. 误差　　D. 运算

6. 加工中心润滑系统常用润滑油强制循环方式对（　　）进行润滑。

A. 负载较大、转速较高、温升剧烈的齿轮和主轴轴承

B. 负载不大、极限转速和移动速度不高的丝杠和导轨

C. 负载较大、极限转速和移动速度较高的丝杠和导轨

D. 高速转动的轴承

7. 感应加热淬火时，若频率为 50 kHz，则淬硬层深度为（　　）。

A. 17.5 mm 以上　　B. 26 ~ 48 mm　　C. 10 ~ 15 mm　　D. 7 mm

8. （　　）只接收数控系统发出的指令脉冲，执行情况系统无法控制。

A. 定环伺服系统　　B. 半动环伺服系统

C. 开环伺服系统　　D. 联动环伺服系统

9. 减少毛坯误差的办法是（　　）。

A. 减小毛坯的形状误差，减少毛坯的余量

B. 增大毛坯的形状误差

C. 粗化毛坯，增加毛坯的余量，增大毛坯的形状误差

D. 增加毛坯的余量

10. 一次性调用宏主体，使宏程序只在一个程序段内有效，这种调用称（　　）。

A. 非模态调用　　B. 模态调用

C. 重复调用　　　　　　　　　　　D. 宏程序

二、判断题

1. 加工中心的定尺寸刀具（如钻头、铰刀和键槽铣刀等），其尺寸精度直接影响工件的形状精度。（　）

2. 刀具刃磨后重新使用时，由于刀刃磨得较锋利，故磨损较慢。（　）

3. 加工任一斜线段轨迹时，理想轨迹都不可能与实际轨迹完全重合。（　）

4. 用一个精密的塞规可以检查加工孔的质量。（　）

5. 通常都是以刀具前面磨损量作为刀具磨钝标准的。（　）

6. 加工中心的自动测量是指在加工中心上安装一些测量装置，使其能按照程序自动测出零件的尺寸及刀具长度尺寸。（　）

7. 主轴准停的三种实现方式是机械方式、磁感应开关方式、编码器方式。（　）

8. 交互式图形自动编程是以 CAD 为基础，采用编程语言自动给定加工参数与路线，完成零件加工编程的一种智能化编程方式。（　）

9. V 形架的优点是对中性好，即可使一批工件的定位基准（轴线）对中在 V 形架两斜面的对称平面内，且只受定位基面直径误差的影响。（　）

10. 车间日常工艺管理中的首要任务是组织职工学习工艺文件，进行遵守工艺纪律的宣传教育，并例行工艺纪律的检查。（　）

三、简答题

1. 简述滚珠丝杠螺母副的维护内容。

2. 用圆柱铣刀加工平面时，顺铣与逆铣有什么区别？

沿虚线剪下

任务3　综合实例三

班级＿＿＿＿＿＿　姓名＿＿＿＿＿＿　学号＿＿＿＿＿＿　成绩＿＿＿＿＿＿

一、选择题

1．在数控铣床上，刀具从机床原点快速位移到编程原点上应选择（　　）指令。

A．G00　　B．G01　　C．G02　　D．G03

2．用数控铣床铣削一直线成形面轮廓，确定坐标系后，应计算零件轮廓的（　　），如起点、终点、圆弧圆心、交点或切点等。

A．基本尺寸　　B．外形尺寸

C．轨迹和坐标值　　D．极限尺寸

3．在数控机床的闭环控制系统中，检测环节具有两个作用：一个是检测出被测信号的大小；另一个是把被测信号转换成可与（　　）进行比较的物理量，从而构成反馈通道。

A．指令信号　　B．反馈信号　　C．偏差信号　　D．脉冲信号

4．加工后零件有关表面的位置精度用位置公差等级表示，可分为（　　）。

A．12 级　　B．18 级　　C．20 级　　D．10 级

5．物体通过直线、圆弧、圆以及样条曲线等来描述的建模方式是（　　）。

A．线框建模　　B．表面建模　　C．实体建模　　D．以上均是

6．数控机床的定位精度基本上反映了被加工零件的（　　）精度。

A．同轴度　　B．圆度　　C．孔距　　D．直线

7．在数控机床验收中，属于机床几何精度检查的项目是（　　）。

A．回转原点的返回精度　　B．箱体掉头镗孔的同心度

C．主轴轴向跳动　　D．以上均是

8．FANUC 系统加工中心的固定循环功能适用于（　　）。

A．曲面形状加工　　B．平面形状加工

C．孔系加工　　D．圆周槽加工

9．数控机床检测反馈装置的作用是：将其准确测得的（　　）数据迅速反馈给数控装置，以便与加工程序给定的指令值进行比较和处理。

A．直线位移　　B．角位移或直线位移

C．角位移　　D．直线位移和角位移

10．为了保证数控机床能满足不同的工艺要求，并能够获得最佳切削速度，对主传动系统的要求是（　　）。

A．无级调速　　B．变速范围宽

C．分段无级变速　　D．变速范围宽且能无级变速

二、判断题

1．齿轮传动常见的失效形式有轮齿磨损、齿面点蚀、疲劳折断、齿面胶合、

塑性变形。（ ）

2. 举升或直纹曲面构建时，截面轮廓线的起点必须相应一致，最好在同一平面中，否则将生成扭曲的曲面。（ ）

3. 零件经高速车、铣加工的表面质量常可达到磨削的水平，残留在工件表面的应力也很小，故常可省去铣削后的精加工工序。（ ）

4. 在开环和半闭环数控机床上，定位精度主要取决于进给丝杠的精度。（ ）

5. 更换系统的后备电池时，必须在关机断电的情况下进行。（ ）

6. 数控机床为了避免运动件运动时出现爬行现象，可以通过减少运动件的摩擦来实现。（ ）

7. 数控机床按控制系统的特点可分为开环、闭环和半闭环系统。（ ）

8. 球墨铸铁正火的目的是为了得到珠光体基体，有时也同时用以消除白口组织，获得高的强度、硬度和耐磨性。（ ）

9. 高速机床技术主要包括高速单元技术和机床整体技术。（ ）

10. 扩孔可以部分地纠正钻孔留下的孔轴线歪斜。（ ）

三、填空题

1. 高速切削的工艺技术包括______和______的选择优化，对不同材料加工的切削方法、刀具材料和刀具几何参数的选择等。

2. 高速加工的测量技术包括______________。

3. 用户宏程序的变量类型有________、________、________。

4. FMC 由_______和__________组成。

5. 数控机床位置精度的主要指标有_______和_______。

6. 目前我国经济型数控机床的进给驱动动力源主要选用_______。

7. 使用返回参考点指令 G28 时，应_________，否则机床无法返回参考点。

8. 数控机床坐标系三坐标轴 X、Y、Z 及其正方向用______判定，X、Y、Z 各轴的回转运动及其正方向 $+A$、$+B$、$+C$ 分别用_______判断。

9. 在铣削铝镁合金时，可使用_______硬质合金刀具。

10. 能进行轮廓控制的数控机床，一般也能进行________控制和______控制。

11. 一般数控加工程序的编制分为三个阶段完成，即工艺处理、_________和编程调试。

沿虚线剪下

任务4　综合实例四

班级__________　姓名__________　学号__________　成绩__________

一、填空题

1. 加工过程中产生加工误差的原因有___________、________、___________、__________。

2. 铣刀按形状区分有__________、___________、_________、__________。

3. 加工中心与数控铣床的主要区别是___________________________。

4. 程序段“N0010 G90 G00 X100.00 Y50.00 Z20.00 T01 S1000 M03;”的含义是____。

5. 铣削进给速度 F 与铣刀刃数 z、主轴转数 S、每齿进给量 F_z 的关系是____________。

6. 目前，在超高速加工的数控机床上普遍采用____________刀柄，这种刀柄在1992年列入德国DIN69863标准。

7. 在数控铣床上精铣外轮廓时，应使刀具沿_______________方向进刀和退刀。

8. 常用夹具的类型主要有标准组合夹具、通用夹具及_________________等。

9. 数控加工切削用量四要素包括_______________、_______________、____________、___________________。

10. 在数控机床中为提高CNC系统的可靠性，机床强电和数控系统之间的电气隔离通常采用______________器件。

二、选择题

1. 数控机床的液压系统中，液压油的密度随着压力的升高将（　　）。

A. 不变　　B. 略有增加　　C. 略有减少　　D. 不确定

2. 在尺寸链中，能间接获得、间接保证的尺寸，称为（　　）。

A. 增环　　B. 组成环　　C. 封闭环　　D. 减环

3. 数控系统的梯形图是（　　）。

A. 指显示器的屏幕格式

B. 系统内置PLC继电器逻辑开关位置显示图

C. 逐层显示加工刀具轨迹的路径图

D. 阶梯状的图形显示模式

4. 下列形位公差符号中，（　　）表示同轴度公差。

A. ⌯ 0.025　　B. ◎ 0.025

C. ⌭ 0.025　　D. ⌖ 0.025

5. 封闭环的上偏差等于各增环的上偏差（　　）各减环的下偏差之和。

A. 之差乘以　　B. 之和减去

C. 之和除以　　D. 之差除以

6. 被测要素按功能关系可分为（　　）。

A. 理想要素和实际要素　　B. 轮廓要素和中心要素

C. 轮廓要素和基准要素　　D. 单一要素和关联要素

7. 宏程序（　　）。

A. 计算错误率高　　B. 计算功能差，不可用于复杂零件

C. 可用于加工不规则形状的零件　　D. 无逻辑功能

8. 高速切削塑性金属材料时，若没采取适当的断屑措施，则易形成（　　）切屑。

A. 挤裂　　B. 崩碎　　C. 带状　　D. 短

9. 在零件毛坯加工余量不匀的情况下进行加工，会引起（　　）大小的变化，因而产生误差。

A. 切削力　　B. 摩擦力

C. 夹紧力　　D. 重力

三、判断题

1. 对工厂同类型零件的资料进行分析比较，根据经验确定加工余量的方法，称为经验估算法。（　　）

2. 封闭环在加工或装配未完成时是不存在的。（　　）

3. 不完全定位与欠定位含义相同。（　　）

4. 数控机床坐标轴的重复定位精度应为各测点重复定位误差的平均值。（　　）

5. 球化退火可获得珠光体组织，硬度为200HBW左右，可改善切削条件，延长刀具寿命。（　　）

6. Mastercam中，图层的作用是便于管理复杂的图形，节省存储空间。（　　）

7. 十进制数131转换成二进制数是10000011。（　　）

8. 数控刀具应具有较高的耐用度和刚度、良好的材料热脆性、良好的断屑性能、可调、易更换等特点。（　　）

9. 陶瓷刀具适用于铝、镁、钛等合金材料的加工。（　　）

10. 用端铣刀铣平面时，铣刀刀齿参差不齐，对铣出平面的平面度没有影响。（　　）

四、简答题

数控加工的加工路线确定原则主要有哪几点？

沿虚线剪下

项目十

数控铣床/加工中心的结构与维护

任务1　数控铣床/加工中心的主传动系统与主轴部件的维护

班级__________　姓名__________　学号__________　成绩__________

一、问答题

1. 数控铣床/加工中心机床对主传动系统有何要求？

2. 数控铣床、加工中心主传动系统中的主轴变速方式有哪几种？各有什么特点？

3. 如何对主传动系统进行维护？

4. 主轴的润滑方式有哪两种？各有什么特点？

5. 数控铣床/加工中心主轴系统主要由哪些部件组成？各起什么作用？

二、论述题

在加工过程中，如果发生主轴传动带打滑或者主轴停止不动的情况，应该如何处理？这是由于什么原因导致的？

沿虚线剪下

任务2　数控铣床/加工中心的进给传动系统与传动元件的维护

班级__________　姓名__________　学号__________　成绩__________

一、问答题

1. 进给传动系统在数控铣床/加工中心中主要起什么作用?

2. 数控铣床/加工中心对进给传动系统有何要求?

3. 滚珠丝杠副由哪几个零件组成? 滚珠丝杠副在进给传动系统中起什么作用?

4. 滚珠丝杠的支撑方式有几种? 各有什么特点?

5. 如何对进给传动系统的各零部件进行维护保养？

二、论述题

在零件加工过程中存在零件的重复定位误差，滚珠丝杠在反向运动时存在过大的间隙应该如何处理？

沿虚线剪下

任务3　加工中心的自动换刀系统与刀库的维护

班级__________　姓名__________　学号__________　成绩__________

一、问答题

1. 加工中心的换刀机构主要有哪几种？各有什么特点？

2. 加工中心的刀库主要有哪几种？各有什么特点？

3. 如何对刀库、机械手进行维护？

二、论述题

1. 简述无机械手的换刀系统的换刀原理。

2. 简述单臂机械手换刀系统的换刀原理。